MBTI
人格理论

朱文东 杜蕴姗 编著

中国纺织出版社有限公司

内 容 提 要

MBTI是现下一个十分火热的心理学名词，也是一种人格测评工具，它从精力支配、认识世界、判断事物、生活态度四大维度，将人格划分为16种类型。了解16种人格类型，能帮助我们了解自己和他人，帮助自己找到最佳的生活和工作方式。

本书围绕MBTI这一心理概念展开，以平实朴素的语言带领我们了解什么是MBTI，向我们介绍16种人格类型的不同特点、区别以及在情感和工作中的表现，并告诉我们如何用16型人格理论指导我们的工作、学习、生活并实现人生理想。相信阅读本书后，你能对如何认识和提升自我、了解他人以及实现自我价值有更深层次的认知。

图书在版编目（CIP）数据

MBTI人格理论／朱文东，杜蕴姗编著. -- 北京：中国纺织出版社有限公司，2025.7. -- ISBN 978-7-5229-2706-0

Ⅰ．B848.6-49

中国国家版本馆CIP数据核字第20253CU583号

责任编辑：李　杨　　责任校对：高　涵　　责任印制：储志伟

中国纺织出版社有限公司出版发行
地址：北京市朝阳区百子湾东里A407号楼　邮政编码：100124
销售电话：010—67004422　传真：010—87155801
http://www.c-textilep.com
中国纺织出版社天猫旗舰店
官方微博 http://weibo.com/2119887771
德富泰（唐山）印务有限公司印刷　各地新华书店经销
2025年7月第1版第1次印刷
开本：880×1230　1/32　印张：6.5
字数：108千字　定价：49.80元

凡购本书，如有缺页、倒页、脱页，由本社图书营销中心调换

前言

生活中，可能你会有这样的困惑：为什么有的人喜欢独处，有的人却爱热闹？为什么有的人热爱艺术，但有的人喜欢推理？为什么有的人对人冷漠，有的人却热情好客？为什么有些人行事风风火火，有些人却懈怠懒散？……要解除这些困惑，我们可以从MBTI16型人格入手。那么，什么是MBTI16型人格呢？

美国作家伊莎贝尔·布里格斯·迈尔斯和她的母亲将卡尔·荣格关于8种人格类型的理论进一步拓展，并提出了"迈尔斯–布里格斯性格分类法"，将个体根据测量结果分为16型人格，简称MBTI。

MBTI测试有4大维度——外向（E，英文缩写，下同）与内向（I）、实感（S）与直觉（N）、情感（F）与思维（T）、判断（J）与感知（P）。这些细分维度可像积木一样组合，其每种组合方式被称为一种"人格类型"，MBTI共包含16种不同的人格类型。

具体来说，16型人格可以分为：

ISTJ型人格——检查者

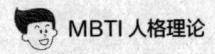
MBTI 人格理论

ISFJ型人格——守卫者

ESTJ型人格——监督者

ESFJ型人格——执政官

ISTP型人格——鉴赏家

ISFP型人格——探险家

ESTP型人格——企业家

ESFP型人格——表演者

INTJ型人格——建筑师

INTP型人格——逻辑学家

ENTJ型人格——指挥官

ENTP型人格——辩论家

INFJ型人格——提倡者

INFP型人格——调停者

ENFJ型人格——主人公

ENFP型人格——竞选者

那么，这16种人格类型的区别在哪，都有什么表现呢？你想知道你的MBTI类型吗？想知道你的爱人、同学、父母是什么MBTI类型吗？想要了解人与人之间的不同吗？这都是我们在本书中要分析和解答的问题。

本书从现实出发，将MBTI16型人格分类原理运用到我们的生活中，内容通俗易懂，阅读本书后，你不需要做冗长的问

前言

卷，只需要在日常情境中认真观察，你就能得知他人的人格类型，成为精准的性格分析师。

当然，16型人格理论所描述的人格类型并没有好坏之别，只不过意味着不同类型的人回应世界的方式具有可被辨识的根本差异而已。对以上16型人格的了解和分析，可以帮助我们解除很多生活中的困惑，让我们明白到底是什么驱策了人们不同的行为。拥有该种技能能让你在与不同性格的人交往时采取不同的语言与行动，让你在事业、爱情、心灵上都拥有和谐的关系。

编著者

2024年9月

目 录

第1章　什么是MBTI16型人格：了解你的个性特征

什么是MBTI人格理论　/ 003

MBTI人格理论的四个维度　/ 005

MBTI16型人格具体有哪些表现　/ 008

心理测试：你是16型人格中的哪一种　/ 013

第2章　MBTI16型人格之SJ型：忠诚的"监护人"

ISTJ型人格——检查者　/ 019

ISFJ型人格——守卫者　/ 022

ESTJ型人格——监督者　/ 026

ESFJ型人格——执政官　/ 030

ISTJ型人格的职业道路和发展方向　/ 034

ISFJ型人格的职业道路和发展方向　/ 038

ESTJ型人格的职业道路和发展方向　/ 042

ESFJ型人格的职业道路和发展方向　/ 044

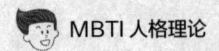

第3章　MBTI16型人格之SP型：技艺者

ISTP型人格——鉴赏家　/ 049

ISFP型人格——探险家　/ 052

ESTP型人格——企业家　/ 057

ESFP型人格——表演者　/ 061

ISTP型人格的职业道路和发展方向　/ 066

ISFP型人格的职业道路和发展方向　/ 070

ESTP型人格的职业道路和发展方向　/ 075

ESFP型人格的职业道路和发展方向　/ 079

第4章　MBTI16型人格之NT型：思想家的摇篮

INTJ型人格——建筑师　/ 085

INTP型人格——逻辑学家　/ 090

ENTJ型人格——指挥官　/ 095

ENTP型人格——辩论家　/ 100

INTJ型人格的职业道路和发展方向　/ 104

INTP型人格的职业道路和发展方向　/ 109

ENTJ型人格的职业道路和发展方向　/ 114

ENTP型人格的职业道路和发展方向　/ 118

第5章　MBTI 16型人格之NF型：理想主义者

INFJ型人格——提倡者　/ 125

INFP型人格——调停者　/ 129

ENFJ型人格——主人公　/ 134

ENFP型人格——竞选者　/ 139

INFJ型人格的职业道路和发展方向　/ 144

INFP型人格的职业道路和发展方向　/ 148

ENFJ型人格的职业道路和发展方向　/ 152

ENFP型人格的职业道路和发展方向　/ 156

第6章　MBTI 16型人格理论之四个维度——了解你的性格与行为方式

人总是有内向和外向两面性　/ 163

你了解自己的情绪类型吗　/ 166

实感和直觉的不同　/ 168

直觉思维的特征　/ 170

妙用逻辑思维，进行判断和推理　/ 174

面对未知的事情，你是怎样的态度　/ 177

避免感性干扰，才能正确决策　/ 180

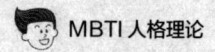

第7章 运用MBTI 16型人格，指导自己的工作和人生

16种人格抗压能力如何 / 185

真正地了解自己，才能更好地把握人生 / 188

诚实地面对和了解自己，发现自己的优势和不足 / 191

如何获得人生的自我实现 / 194

参考文献 / 198

第1章

什么是MBTI 16型人格：
了解你的个性特征

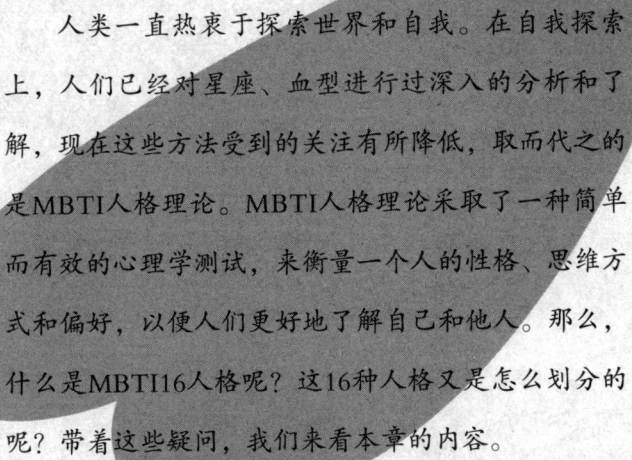

人类一直热衷于探索世界和自我。在自我探索上，人们已经对星座、血型进行过深入的分析和了解，现在这些方法受到的关注有所降低，取而代之的是MBTI人格理论。MBTI人格理论采取了一种简单而有效的心理学测试，来衡量一个人的性格、思维方式和偏好，以便人们更好地了解自己和他人。那么，什么是MBTI 16人格呢？这16种人格又是怎么划分的呢？带着这些疑问，我们来看本章的内容。

什么是MBTI人格理论

生活中，我们常提到"性格"一词。性格是指人在对事或对人的态度和行为方式上所表现出来的心理特点，如英勇、刚强、懦弱、粗暴等。从人的个体性格发展过程来看，性格是在生理特点的基础上，社会生活和教育条件的影响下，经过不断量变和质变而发展起来的。

为了对人的性格倾向进行归类和总结，美国作家伊莎贝尔·布里格斯·迈尔斯和她的母亲凯瑟琳·库克·布里格斯根据瑞士著名的精神分析学家荣格的心理类型理论，以及她们对于人类性格差异的长期观察和研究，共同制定出了一种人格类型理论模型，即MBTI（Myers-Briggs Type Indicator，迈尔斯-布里格斯类型指标）。经过了几十年的研究和发展，MBTI已经成为了当今全球最为著名和权威的性格测试之一。

MBTI是一种自我报告式的人格测评工具，用以衡量和描述人们在获取信息、做出决策、对待生活等方面的心理活动规律和不同的人格类型表现。MBTI倾向显示了人与人之间的差异，这些差异体现在四个维度上：

（1）精力支配：他们把注意力集中在何处，从哪里获得动力（外向为E、内向为I）。

（2）认识世界：他们获取信息的方式主要为何种（实感为S、直觉为N）。

（3）判断事物：他们做决定的方法主要为何种（思维为T、情感为F）。

（4）生活态度：他们如何对待外在世界，通过感知的过程还是判断的过程（判断为J、感知为P）。

从这四个维度中分别选取一种倾向，加以组合，便可以组合成16种人格类型。

按照这一理论，我们就能解释为什么不同的人有不同的兴趣爱好，擅长不同的工作。这个工具已经在世界上运用了几十年的时间，青年人用它进行择业，老师和学生用它来提高学习效率，企业组织利用它来改善人际关系、做好沟通等。

MBTI能让人们更好地了解和认识自己，是目前世界上使用最广泛的识别人与人差异的测评工具之一。

MBTI主要有以下作用：

1. 个人用于了解自己

通过MBTI测试，我们就能了解深层次的自己，看到自己的另一面，因此很多刚毕业的大学生、求职者会用这个测试了解自己的职业倾向、优势等，以指引迷茫中的自己。

2. 职业咨询师用来评估客户

很多职业咨询师会让客户进行MBTI测试,再根据测试结果并结合自己的工作经验,帮客户认清自己的优点,让他们更清楚地了解当下的状况。

3. 企业用于人力资源管理

有的企业在招聘新员工后,也会让新员工进行MBTI测试,以此来判定员工是否适合现在的岗位,或者在不适合的情况下,为他们寻找新的岗位,这样能最大限度地做到人尽其才,不浪费人力资源。

我们可以把MBTI当成一个认识自己的工具,让它帮我们更好地接纳自己,爱护自己,给我们的生活和学习带来引导。但是我们也要注意,人的人格不应该完全被简单的四个维度字母代表,结合测试结果认真思考,然后做出正确地判断才是最重要的。

MBTI人格理论的四个维度

在MBTI人格理论里,我们需要着重注意下面这四组八个字母:I和E、S和N、T和F、J和P。

这四组字母代表四个维度,分别是内向与外向、实感与直

MBTI人格理论

觉、思维与情感、判断与感知。尽管这些概念更加符合西方的文化，但在中国的环境下，它们同样有参考意义。

1.内向和外向（I和E）

内向和外向是荣格心理学中的概念，指的是人格类型中的两种特质。内向型人格的人更注重内部体验，喜欢在安静熟悉的环境中独处，思考自己的内心世界，热爱阅读或看电影。而外向型人格的人则更加关注外部世界，他们喜欢社交互动、参加户外活动，如聚会、旅游等。

当然，内向和外向并不是指绝对性的内向和外向，其关键点在于你是更享受独立思考与倾听，还是更热爱倾诉和与他人交流。

2.实感和直觉（S和N）

直觉型的人注重灵感和想象力，他们对抽象概念和理论比较感兴趣，对未知领域表现出了积极好奇的态度。相比之下，对于已经掌握的知识和技能，他们很容易感到乏味和疲劳，所以需要不断寻找新的挑战和刺激。他们拥有着跳跃性的思维和表达方式，平时更关注领域中的整体思维模式和发展趋势，他们习惯性地从宏观的视角来看待问题，所以信息接收方面也更加注重广度。

实感型的人更加关注现实和具体的事物，他们信任自己的五官感受和眼前所见，致力于建立对周围环境的客观认识。这

第1章
什么是MBTI16型人格：了解你的个性特征

种类型的人在分析问题时更加细致，重点关注问题的细节和具体情况，善于把观察到的种种细节进行系统化整合。接收信息方面更加注重深度，喜欢对某一特定的领域进行挖掘。

3.思维和情感（T和F）

思维型的人更注重逻辑分析和公正，他们倾向于以客观的态度看待事物，并采取系统性的方法进行决策和解决问题，尽管这么做或许会被认为缺乏人情味，但实际上他们只是更注重理性的思考和数据分析。

情感型的人通常被认为更富有情感表达能力，他们关注人际关系、情感和价值观等感性因素，更容易理解别人的感受。

调查表明，女性偏向情感型的比例稍高，而男性则偏向思维型的比例稍高，当然这并非绝对的，每个人都有独特的思维模式和信息处理偏好。

4.判断和感知（J和P）

判断型的人更注重结果和成果，他们倾向于在工作方面获得成就，很珍惜时间的宝贵。他们会把任务的完成时间视为至关重要的期限，并全力以赴以确保任务能按时完成，在时间观念方面，他们觉得时间是不可逆转的，需要好好管理和利用。

感知型的人喜欢享受当下，他们更关注过程中的乐趣。时间观念方面，这类人更倾向于将时间视作有限的资源，需要最大限度利用与享受。

MBTI 人格理论

　　MBTI人格理论通过四个维度评估人类的行为和决策倾向，对我们了解自己的个性发展、职业发展、人际关系以及社交状况等都会有帮助。虽然这个理论并不是完美的，但它至少为我们提供了一种基本框架，以便我们进一步了解自己、了解他人，以及优化我们的沟通方式和决策，在日常生活中更好地解决问题、完成目标。

MBTI16型人格具体有哪些表现

　　在前面，我们已经指出，MBTI理论认为人的个性可以从四个维度分析，细分为16种不同的人格类型，这16种人格类型分别有自己的特点。

　　1. ISTJ（检查者型）

　　● 这类人责任心强，可靠，严肃，能合理安排好工作和生活；

　　● 他们尽职尽责、正直、务实，能为自己的行为负责，有着很清晰的目标，对时间和精力很宽容，能耐心、负责任地完成各项任务；

　　● 对于已经存在的规则和准则，能严格遵守。他们关注细节，对于自己的错误能勇敢承认和改正，他们热情、可靠、负责和正直的人格让他们深受传统组织的青睐。

2. ISFJ（守卫者型）

● 这类人安静、友好，乐于服务他人，可靠、温暖，时刻保护周围的人；

● 他们重视责任、照顾他人感受，无论是在工作还是生活中，都能尽力做到让他人满意；

● 感情细腻，利他，喜欢赠送礼物，但一旦到了需要保护其家人或朋友的时候，会变得非常强悍。

3. INFJ（提倡者型）

● 讲原则，洞察力强，真诚，能做到时刻关心他人；

● 语言温柔，具有与生俱来的理想主义和道德感，专注于自己的信念，努力、积极向上；

● 富有想象力，但他们并非为了建立优势，而是为了建立平衡。相信爱和同情的力量，很在乎别人的感受，也希望被以同样的方式对待。

4. INTJ（建筑师型）

● 具有完美主义倾向，独立，具有怀疑精神，是优秀的战略思想家，能在自己感兴趣的问题上展现出出色的组织能力。

5. ISTP（鉴赏家型）

● 大胆实际的操作者，擅长使用所有形式的工具；

● 喜欢用双手和眼睛去探索事物，冷静、理性、好奇心旺盛，他们穿梭于不同的项目中，从创造有用、充足的产物中获得乐趣；

● 他们通过创造、解决难题、反复试验和第一手的经验来验证新想法，他们友好又缄默，行事冷静。

6. ISFP（探险家型）

● 灵活，有魅力，热爱艺术，喜欢探索新鲜事物；

● 他们审美能力强，喜欢打破社会常规，喜欢用美感和行为方面的实验来颠覆传统的期望，构建美好的事物，他们对旁人的感受很敏感，通常重视和谐；

●他们常常自省，审查和重新评判自己的信条，不愿意纠结于过去或未来，更愿意思考当下。

7. INFP（调停者型）

● 这种类型的人视内在的和谐高于一切，有好奇心和洞察力，在日常事务上又比较灵活多变。

8. INTP（逻辑学家型）

● 理性，善于分析，喜欢思考复杂的问题并解决难题；

● 他们像是哲学家、思考者，或是爱空想的教授，展现出积极主动的创造性、异于常人的视角以及永不枯竭的智慧。

9. ESTP（企业家型）

● 有出色的解决问题的能力，天真，多才多艺，善于活跃气氛，精力充沛，喜欢冒险；

第 1 章
什么是 MBTI16 型人格：了解你的个性特征

- 富有智慧，执行力强，不会瞻前顾后，通常在前进的过程中改正错误，而不是闲坐着思考备用计划或放弃；

- 享受戏剧性、激情和快感，不是为了追求情绪的波动起伏而是为了给他们的逻辑思维带来刺激，会在快速理性的刺激反应中根据眼前的实际情况做出重要决策。

10. ESFP（表演者型）

- 富有同情心，擅长交际；

- 他们是天生的表演者，热爱聚光灯，世界就是他们的舞台；他们在聊天时展示自己独特而不失率直的幽默感，努力成为目光的焦点，每一次外出都仿佛置身于派对之中；

- 他们是十足的"社交动物"，喜欢最简单的事物，对他们而言，没有什么比跟一大群好友嬉笑玩乐更快乐的事情了；他们观察力敏锐，善于捕捉他人的情绪，通常都有点戏剧化且激情四溢。

11. ENFP（竞选者型）

- 对"可能性"很感兴趣，视灵感高于一切，足智多谋；

- 他们是社交场合的焦点，但与眼前的快乐相比，他们更享受与人们建立的社会和情感联系；

- 富有魅力，精力充沛且有同情心；

- 他们长袖善舞，愿意讨好他人，能够带着旺盛的好奇心和充沛的精力去领悟言外之意；

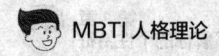

● 会透过情感、同情和神秘主义的棱镜来观察世界的联系，并时刻寻找着更深层的含义。

12. ENTP（辩论家型）

● 喜欢挑战，足智多谋，聪明健谈；

● 他们是故意持相反意见的创新者，善于把观点和信条剪得支离破碎并撒在空中给所有人看；

● 喜欢另辟蹊径，在非常规的方式中训练思维，愿意改变现状，打破成规，发现新出路。

13. ESTJ（监督者型）

● 他们讲究纪律，务实，乐于监督他人，有着出色的管理能力；

● 他们诚实，爱奉献，有尊严，他们的明确建议和指导被人看重，也愿意披荆斩棘带领大家努力前行；他们喜欢周围的事物明确；

● 他们相信法律的规则和掌握权力的重要性，他们的领导方式是以身作则，尽心尽力，诚实果断，坚决反对懒惰和作弊，尤其在工作时，他们认为踏实努力是工作中最要恪守的原则。

14. ESFJ（执政官型）

● 实事求是，注意细节，特别注意与他人的人际关系；

● 助人为乐，对有意义的事很感兴趣；

● 他们看重自己是否被认可，如果得到了认可，他们就是

第1章 什么是MBTI16型人格：了解你的个性特征

忠诚、爱奉献的伴侣和父母；

● 他们更在乎一些有形的、实实在在的东西，例如观察他人的行为举止、提升自己的社会地位；

● 他们经常关注他人的动态，会尽力发挥自己的价值。

15. ENFJ（主人公型）

● 彬彬有礼，富有魅力，通常能够看到其他人的优点。

16. ENTJ（指挥官型）

● 热情而真诚的天生领导者，有远见，乐于解决复杂问题；

● 具有魅力和信心，展现出的领导力能召集大家为一个共同目标努力。

根据以上不同人格类型的不同表现，我们就能大致推测出自己的人格类型。那么，你是善于思考的INTP，是充满冒险精神的ESTP，还是善于照顾他人感受的ISFJ呢？

心理测试：你是16型人格中的哪一种

如果你不确定自己属于哪种类型，可以通过心理测试来进行进一步判断：

1. 在工作了一周后，你已经很累了，接下来你会怎么做？

● 去找朋友聊天或逛街 →E

● 在家睡觉或者看电视 →I

2. 阅读下面的选项，选择与你相符的一项：

● 我很喜欢和享受当下的生活，我看重生活细节 →S

● 我喜欢在自己的幻想中遨游，我喜欢畅想未来，喜欢捕捉一瞬间的灵感 →N

3. 假如你将要面临一个重大的决定，那么你会从下面哪个方面来考虑？

● 按照严谨的逻辑和条理来考虑 →T

● 根据自己的情绪感受并参考他人的意见或者建议 →F

4. 假如你受邀参加一个聚会，那么你会怎么做？

● 提前做好计划并对可能发生的情况进行充分的预判 →J

● 不会提前准备，在聚会上随机应变 →P

测试结果分析：

将你选择的选项后的字母连起来，就是你的性格类型。

ESFP——性格外向，适应力强，热爱生活，习惯和伙伴一起学习。

ESTP——注重实际，喜欢以积极的态度解决问题，享受物质，时常学习新事物，倾向于亲身感受。

ENFP——具有想象力，为人热情，迫切地需要他人的认可，擅长即兴发挥。

ENTP——反应迅速，说话直白，容易理解他人，讨厌例行公事。

ESTJ——现实主义者，果断干练，思维独特，逻辑水平高。

ESFJ——富有责任感，喜欢温暖和谐的环境，忠诚度高，渴望得到认可。

ENFJ——性格热情，责任心强，善于发现他人的潜能，有鼓舞他人的能力。

ENTJ——天生的领导者，能够迅速发现不合理和低效能的地方，博览群书，见识广博。

INTP——为人安静内向，喜欢思考，喜欢研究理论和抽象的东西，有些挑剔。

INFP——理想主义者，好奇心重，希望外部环境和内心世界完美的统一。

ISFP——安静敏感，渴望一个人的空间，讨厌争执，不强迫他人认可自己。

ISTP——善于观察，注重效率，喜欢用逻辑来解决问题。

INTJ——想法非凡，内心多疑，个性独立，对自己和对他人的要求都很高。

INFJ——洞察力强，有责任心，原则坚定，行动果断。

ISFJ——有责任心，考虑周全，为人体贴，向往温馨的生活环境。

ISTJ——安静严肃，为人可靠，重视传统。

第2章

MBTI16型人格之SJ型：
忠诚的"监护人"

SJ是"实感"和"判断"的组合，在16型人格中，具有SJ倾向的人的共性是有很强的责任心与事业心，他们忠诚，按时完成任务，推崇安全、礼仪、规则和服从，被一种服务于社会需要的强烈动机所驱使。他们坚定，尊重权威、等级制度，持保守的价值观，充当着"保护者""管理员""稳压器""监护人"的角色。接下来，在本章中，我们将对SJ人格的四种分型进行介绍和分析。

ISTJ型人格——检查者

ISTJ型人安静低调，小心谨慎，实事求是，富有责任心，是最注重现实的一类人。他们喜欢通过全面性和可靠性取得成功，不喜欢虚无缥缈的东西，更看重实实在在的事物；做事情的时候，他们性格比较沉稳，有自己的规划，很少浪费时间做毫无意义的事情；讲究实际，有责任感和逻辑性，不会云里雾里，总是一步步朝着目标前进；工作中踏踏实实，认认真真，生活中也幸福完美，很少出现一些岔子。

我们可以总结出ISTJ型人格的特点：

● 做事严谨、小心，喜欢安静，思想保守；

● 一丝不苟、认真负责，而且明智豁达，是坚定不移的秩序维护者；

● 讲究实际，有条理，仔细，逻辑思维能力强；

● 诚实，忠诚度高，看问题注重从现实出发；

● 工作努力，责任感强，不夸大，脚踏实地；

● 专注力强，工作孜孜不倦；

● 做事有计划，但应变能力不太强，有时倾向于"顺其自

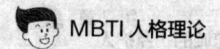

然"的态度,喜欢安于现状;

● 不论干什么,都能有条不紊地把它完成。

ISTJ型名人有沃伦·巴菲特、乔治·华盛顿、老布什、艾森·豪威尔等。

ISTJ型人格有下述的优缺点:

1.优点

● 具备快速行动的能力,一旦决定就会立刻落实好每个细节;

● 即使遇到紧急事件,他们也能表现得极为淡定,因此在手术室和战场中富有优势;

● 擅长制定规章制度和流程,并且让自己和别人高效地执行;

● 非常专心,能集中自己的全部注意力到一件事上;

● 具有很强的稳定性,面对外界的各种变化,他们能抽出身来而不被干扰。

2.缺点

● 较为强势,为了实现工作计划或利润目标,会不管别人是否愿意、是否满意或是否感觉舒服;

● 对当前的事情过度关注,容易忽略多种可能性,缺少提前谋划,缺乏应对措施;

● 不善于表达,很少表达情感,面对情感问题容易不知

第 2 章
MBTI16 型人格之 SJ 型：忠诚的"监护人"

所措；

● 缺乏灵活度，容易对未知的、未来的、未计划的事产生恐惧和压力；

● 比较死板，不愿意尝试接受新的或未经考验的观点和想法，不喜欢改变和革新。

在职业规划上，ISTJ 型人最好避开艺术类，而应该选择实际操作类的工作，尤其是偏向于技术的工作。从事这些工作，他们能在获得成就感的同时，将工作做得非常完美。他们做事情细致，能够掌握别人没有注意到的细节，因此在选择职业的时候可以选需要处理大量资料的工作，例如：

监督管理类、审计审核类、会计类：这类工作既考验人们的细节处理能力，也看重效率，而这两点都是 ISTJ 型人所擅长的。

数据分析类、投资分析类：因为 ISTJ 型人实事求是，注重客观实际，能够做好当前的某些事情，不会出现太多的差错。有时候，投资担保人等工作也是一个不错的选择。做这类工作，会让 ISTJ 们感到很有意义，也很难出现厌烦情绪。

信息处理类、效率分析类、保险类：ISTJ 型人分析能力强，擅长处理大批量的任物，这就导致这些人适合进行信息处理的工作。他们不但不会因为这些事感到痛苦，反而会一直坚定自己的脚步。

从事以上这些工作的时候，ISTJ 型人会变得很有效率和激

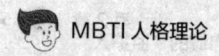

情,不费吹灰之力就能够做好。

在爱情中,该类人注重实际,很少有虚无缥缈的说辞,他们在选择伴侣的时候,更看重对家庭的付出以及处理问题的能力。他们懂得关心对方,他们的浪漫不是玫瑰,而是一些实实在在的事。与ISTJ型人在一起,会让人感到十分舒服。因为他们能够在意对方的感受,并且可以记住很多客观的小细节,让对方十分舒适。

ISFJ型人格——守卫者

ISFJ型是较为常见的人格类型,是护卫社会秩序的主要力量之一,且有相当多的ISFJ型人具有强大的学习和研究能力。他们务实、有责任心,又忠诚;忍耐力极强,即便面临突变,也会坚持到底。ISFJ型人甘于充当幕后英雄,几乎没有人不喜欢跟他们一起工作。不过,ISFJ型也是16型人格里最悲观的类型之一。

ISFJ型人格的特征:

1. 忠诚

ISFJ型人主要特征之一就是忠诚。这类人会用很多精力来维系和周围的人之间的关系,他们不会耍嘴皮子功夫,比如偶尔打个电话慰问老友,而是会在别人需要的时候放下一切给予帮助。因此，他们很难因为不善维系而导致感情消逝。

当ISFJ型人被人需要而去帮助他人的时候，他们会感觉浑身充满了力量。

ISFJ型人的忠诚不止于面对他们最亲近的人，还往往会延伸到他们的其他社会关系中。

然而，如此热衷于服务他人的ISFJ型人也可能受到一些负面影响。比如，ISFJ型人乐于助人、勤奋工作的天性可能会受人利用，让他们劳累到精疲力竭。另外，当ISFJ型人考虑改变自己、自己的人际关系或过去做事的方式时，即使这是必须的改变，他们也可能会感到内疚或压力。

2. 完美主义

对ISFJ型人来说，根本没有"还行"，因为在他们的字典里"还行"往往就是"不行"。ISFJ型人有时候一丝不苟到了完美主义的地步。他们事必躬亲，不断超越自己，也竭尽所能地超越他人的期望。

ISFJ型人以谦逊著称，他们很少寻求关注，且往往会低估自己的成就。但是，他们同样也喜欢被人认可，如果ISFJ型人的努力不被注意或不被赞赏，他们可能会发现自己慢慢地失去了热情和动力，最终变得对那些似乎不欣赏他们的人心怀怨恨。

3. 满足他人需求

ISFJ型人虽然是内倾的，但他们的社会性也很强，他们能记

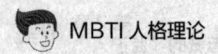

住他人生活中的每一个细节,他们似乎能让每一个朋友感觉到被了解和被珍惜,朋友们总是能收到"守卫者们"送来的最贴心的礼物。

热心体贴的ISFJ型人很乐于帮助他们周围的人建立稳定、安全、幸福的生活。对他们来说,像满足他人一样满足自己可能并不容易。不过如果他们能满足自身的需求,往往可以获得更多的能量和动力做好事。

ISFJ型人格的优缺点:

1. 优点

● 忠诚、勤奋——ISFJ型人通常会对他们的想法和组织形成情感依恋。在他们看来,只有通过努力和勤奋来履行义务,才不会让自己感觉失望。

● 富有耐心、可靠——他们不会做事只做一半,而是会谨慎、一丝不苟地完成,他们会采取稳妥的方法,但也会适当变通来实现最终目标。ISFJ型人不仅能确保事情以最高标准完成,而且往往会远远超出要求。

● 热情——当目标正确时,ISFJ型人会将所有的精力放在他们认为会改变人们生活的事情上。

● 支持——ISFJ型人是万能的帮手,他们会花费时间和精力与任何有需要的人分享他们的知识、经验,尤其是与朋友和家人。这种类型的人做事会尽量争取双赢。

第2章 MBTI16型人格之SJ型：忠诚的"监护人"

- 富有想象力和观察力——ISFJ型人非常富有想象力和同情心，这两种特质融合时，他们往往会非常擅长观察他人的情绪状态，并从对方的角度看待事物。

- 良好的实践技能——这种能力让他们可以在帮助他人这件事上做出更有实际意义的举动。如果需要完成平凡的日常任务，ISFJ型人可以让人看到他们创造的价值与和谐，因为他们知道这有助于照顾周围的人。

2. 缺点

- 过于谦虚和害羞——在他们看来，他人的感受比自己的感受重要，以至于他们很少会表达自己的需求，也拒绝因有所贡献而获得任何应得的荣誉。ISFJ型人对自己的标准非常高，以至于他们常常淡化自己的成功。

- 压抑自身的感受——ISFJ型人是私密的、敏感的，他们经常压抑自己的感受，习惯性保护自己的感情，而这种并不健康的情感表达方式也会导致他们出现很多的压力和挫败感。

- 过度利他——ISFJ型人是热情和善良的，在自己的问题上，他们愿意顺其自然，相信事情会很快好转，因而不会让自己给他人造成负担，哪怕他们自己遇到麻烦。

- 超负荷消耗自己——ISFJ型人是完美主义者，且有着强烈的责任感，然而，这很容易让他们超负荷，无论这种超负荷是来自自身，还是来自他人。他们总是在默默地努力满足每个人

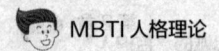

的期望，实现自我目标。

● 不愿改变——改变对于他们来说是很难的，这是因为ISFJ型人比较保守，有时情况需要达到一个临界点，ISFJ型人才会被环境或身边的人影响而改变。

在情感关系中，有人说ISFJ型人是"小天使"，是最适合做伴侣的性格类型，因为他们有着天赋异禀的高情商，共情能力极强且极具爱心，与其交往如沐春风。因此，他们也被称为"护士型"人格类型：传统气质中渗透着无微不至、体贴入微和善解人意。

总之，ISFJ型人是值得信赖的、忠诚的、有爱心的，其最好的伴侣是具有相同敏感性的人，即具有实感（S）特征的人，这样的组合能让双方都有成长、发展和互相帮助的空间。

ESTJ型人格——监督者

ESTJ型人被称为"监督者"，为"监护人"的四种类型之一，大约占人口的8%~12%。ESTJ型人脚踏实地、实事求是，天生擅长技术或商业。

ESTJ型人是有公德心的人，致力于在一个平稳运行的社会中维持传统。他们笃信规则和程序，性格外向，在向他人表达自己的意见和期许时毫不犹豫。

ESTJ型人格的优缺点：

1. 优点

乐观、直率，擅长社交，实践能力强，看问题很实际，活在当下，对未来和未知的事情很少进行空想。

能站在客观公正的角度去看待和分析各类问题，很少在分析事物时掺杂个人情感；非常自律，能够在规则框架内合理规划和安排自己的工作和生活，常常在组织中扮演重要的角色，在家庭里也很有话语权。

关心和注重外部世界，理解现实，善于用客观的分析判断能力来建立生活的模式，能够干脆利索地完成一些他人认为很艰难的任务，这也是他们能够在这个世界扮演重要角色的原因所在。

社会责任感很强，热衷于公益。他们在各个群体中都充当着中流砥柱，他们不会吝啬自己的精力、时间，热心于为多个机构或组织效力，并通过积极地履行成员义务来支持机构或组织的各项活动，通常担任发号施令这一角色。

事实上，对于ESTJ型人而言，他们很难抗拒各种形式的会员制团体，因为这类团体能满足他们希望维护社会制度稳定的心理需求。他们常常会因为道德堕落的现象、逐渐消失的传社会规范而感到焦虑，因此，他们会竭尽所能维持和延续那些能够体现社会秩序的各项制度。

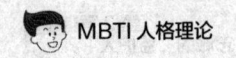

2. 缺点

ESTJ型人具有强烈的统治欲，且有着高度的责任感，但他们在突发事件和问题的处理上往往能力不足，他们对于那些他们认为行动不足、组织性差、衣冠不整或者举止不雅的现象简直无法忍受，但这样的想法和态度常常又让他们遭受批评。

一旦事情无法控制，ESTJ型人会表现出专横跋扈的态度，他们大声说话、宣泄脾气，使周围的人感到压力，但他们并无恶意，他们只是觉得自己应该担负起这个使命，让人们按照规则行事。这种性格倾向在生活中很可能会给周围的人尤其是F型或者P型人造成很大的烦恼。

所以为了提高自己的各方面能力，尤其是管理能力，ESTJ型人最好可以了解如心理学、社会学、文学、艺术和音乐等领域的知识，因为这些会提供给他们更多的见识和灵感，帮助ESTJ型人学习如何尊重他人的看法，并认识到生活不只是在不断地倒计时中强制性地完成各种任务。

在情感中，ESTJ型人充满激情，看重家庭，以实现他们的责任和义务为首要任务。他们会花费大量的精力来履行他们的职责和义务，并会根据他们所认为的事情的重要性来排定先后顺序。他们愿意在感情中投入和奉献，在他们看来，一段感情是需要维系一生、不能更替的。他们喜欢掌权，因而对自己的配偶和孩子可能会表现出一定的控制欲。他们对于传统和制度有着极高的尊重,并希望自己的配偶、子女也会对此表示支持。对于那些和他立场相左的人,ESTJ型人在与其交往过程中常常表现得缺乏耐心甚至不屑一顾。

我们可以总结出ESTJ型人在感情中的优点:

- 充满激情,乐观豁达且待人友善;
- 沉稳可靠,可以依赖他们来提升家庭的安全感;
- 倾注大量精力来履行他们的责任和义务;
- 对于家庭日常尽心负责;
- 通常擅于理财(可能有一些保守);
- 不会因矛盾和批评而产生危机感;
- 乐于解决纠纷,而不是视而不见;
- 认真履行承诺,期待能找到相伴一生的爱侣;
- 在感情破裂之后能够站起来继续向前;
- 在有需要的时候,有能力进行纪律管理。

ESTJ型人在感情中的缺点:

- 坚信自己总是正确的;
- 总是希望能够掌控局面;
- 对于懒散低效显得毫无耐心;
- 对于他人的感受不会产生共情;
- 并非特别善于表达自己的情绪和情感;
- 可能会在不经意之间伤害他人的感受;

- 比较看重物质，并有一定的地位意识；
- 对于变化常会感到不适。

总之，ESTJ型人可以不费力地制订系统、程式和计划，是可以被依赖的对象，他们在交际中直截了当，很少费力去琢磨他人的心思。他们也很合群，喜欢与各种人交往，尤其在涉及工作、游戏和家庭等时认真对待，并尽职尽责地做好分内的事情。

ESFJ型人格——执政官

ESFJ型人大约占人口的12%，是非常常见的类型。在学生时期，他们常常是学校的风云人物，带领着队伍走向胜利和荣誉。工作后，他们同样享受支持他们的朋友和爱着的人，并尽一切可能让每个人开心。

ESFJ型人的特征：

1. 尊重传统，支持权威和规则

ESFJ型人是利他主义者，他们很乐于认真帮助别人做正确的事，但与更为理想主义的人格类型不同，ESFJ型人的道德指南源于传统、法律、权威以及社会规则，他们很少甚至从来不从哲学和神秘主义的角度总结道德标准。对于这类人而言，需要明白的一点是，每个人都来自不同的背景，思考的角度也不同，在自己看来对的事，其实也未必真的对。

ESFJ型人助人为乐，享受做有意义的事情——只要他们获得认可并受到感激。这在家庭中尤其明显，无论是作为伴侣还是父母，他们都是忠诚且乐于奉献的。ESFJ型人尊重等级秩序，努力使自己取得一定的权力，无论在家庭还是工作中，这使他们可以让每个人的分工明确、稳定。

2. 注重关系的和谐，不喜欢与人产生冲突

ESFJ型人活泼外向，在一些社交场合总是能看到他们的身影。他们乐意与人聊天，并且他们不会在某问题上点到为止。他们会发自内心地甘当倾听者的角色，会记住小细节并时刻准备着用温暖的话语和细腻的方式表达自己的想法。如果事态发展不对劲或气氛紧张，他们会很快察觉，并努力让所有人恢复到和谐稳定状态。

ESFJ型人很不喜欢冲突，他们用很多精力去建立秩序。与未知的活动和自发性的聚会相比，他们更喜欢周全的计划和有组织的活动。一旦想法被否定或者别人对此毫无兴趣，就很容易伤害到他们的感情。重申一下，ESFJ型人一定要记住，每个人都来自不同的背景，别人不感兴趣并非有意针对ESFJ们或他们所组织的活动，只不过是不适合那些人罢了。

如何与自己的细腻敏感达成妥协，是ESFJ型人最大的挑战——生活中总是会遭到反对和批评，虽然很难受，但这也是

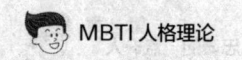

生活的一部分。最适合他们做的事就是做他们最擅长的事：成为一个榜样，解决力所能及的事，享受别人对他们所付出努力的感激。

我们可以总结出这种人格的优缺点：

1. 优点

● 实践能力强——ESFJ型人是优秀管理者，乐于让与他们亲近的人得到很好的照顾。

● 强烈的责任感——ESFJ型人具有强烈的责任感，并努力履行自己的义务，尽管有时这可能更多来自社会期望而不是内在驱动力。

● 忠诚、值得信赖——ESFJ型人非常重视稳定性和安全性，渴望维持现状，这使他们成为非常忠诚和值得信赖的合作伙伴和员工。ESFJ型人是他们所属的任何团体的真正支柱——无论是他们的家庭还是公司，这种性格类型的人总是可以依赖的。

● 热情、敏感——ESFJ型人寻求和谐并深切关心他人的感受，小心不冒犯或伤害任何人。ESFJ型人是强大的团队成员，他们通常能创造双赢的局面。

● 善于与他人联系——以上品质结合在一起，使ESFJ型人变得善于社交、让人舒适和受欢迎。他们有强烈的归属需求，并且不介意闲聊，这会帮助他们在群体中发挥积极作用。

2. 缺点

● 过分关注社会地位——这一弱点会影响他们的很多决定，也会限制他们的创造力和开放性。

● 渴求赞美——ESFJ型人需要赞赏，如果他们的努力没有被注意到，ESFJ型人可能会开始寻求认可，试图让他们确信自己受到了重视。

● 太无私——ESFJ型人有时会试图通过无私奉献来建立自己的价值，这会让别人不知所措，最终使其不受欢迎。此外，ESFJ型人在此过程中经常忽略自己的需求。

● 缺乏灵活性——他们看重能接受的、稳定的事物，且十分谨慎，甚至对任何非传统或主流之外的事物都持批评态度。具有这种性格类型的人有时也可能会过于努力地推动自己的信仰，以将其确立为主流。

● 即兴发挥能力不足、不愿创新——与他们批评他人的不寻常行为相对应，ESFJ型人也可能不愿意走出自己的舒适区，通常是因为害怕显得与众不同。

● 容易受到批评——改变这些倾向尤其具有挑战性，因为ESFJ型人非常厌恶冲突。如果被他人，尤其是与其亲近的人批评了，比如质疑其习惯、信仰或传统，那么ESFJ们会感觉很受伤。

对于ESFJ型人来说，浪漫关系的稳定和安全感是无比温暖的，他们会为此投入大量的精力。ESFJ型人是天生的有爱心的

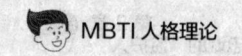

人，当他们周围的人都过得很好时，他们就会感到欣慰，自身也会茁壮成长。然而，ESFJ型人往往在情感上需要帮助，并从他们的另一半那里寻求肯定。冲突和消极情绪对ESFJ型人来说特别令人沮丧。他们把批评放在心上，倾向于把一个负面的评论看作是对他们存在的侮辱。

ESFJ型人会因他人的幸福而开心，并尽其所能让伴侣快乐。他们期望另一半会回报他们，如果伴侣不这样做，他们就会不开心。肯定对于ESFJ型人至关重要。如果他们的努力没有得到认可，ESFJ就会频繁地寻求赞美。因为ESFJ型人认真履行他们的承诺，所以他们也要求他们的伴侣表现出同样的勤勉。

ISTJ型人格的职业道路和发展方向

ISTJ型人是社会的中流砥柱，在很多职业，比如物流师、数据库管理员、保健管理员、财务工作者、后勤经理、信息总监之中，我们都能看到他们的身影。虽然许多人可能对顾问和独资经营者等灵活工作感到满意，但ISTJ型人更倾向于长期、稳定的职业。这并不是说ISTJ型人不能做那种工作，只是他们更渴望的是可靠性。

那么，他们在工作中常常有哪些表现呢？我们从以下几个方面仔细剖析：

1. 工作习惯

ISTJ型人几乎是典型的勤奋、尽职尽责的员工印象，寻求明确的规则以及对权威和秩序的尊重。责任对ISTJ型人来说不是负担，而是对他们的信任，是再次证明他们是这份工作的合适人选的机会。另外，承担新职责或失去旧职责所带来的变化通常是ISTJ型人需要克服的重大挑战之一，这在不同的权威职位上表现不同。

2. 身为下属

ISTJ型人渴望责任，这使他们成为别人不愿承担的工作的首要人选。即使他们负担过重，或者有更好的人来胜任这项工作，他们也不愿意放弃责任。ISTJ型人对待工作的严肃态度使他们出奇地敏感，这种敏感有时达到了令人烦恼的僵化程度。

撇开他们的固执不谈，ISTJ型人很可能是最有效率的下属——他们尊重权威和等级，服从命令和指示。无论是上班还是完成工作，准时都不成问题。虽然ISTJ型人可能比较死板，但他们非常忠诚、敬业、细致和耐心。

3. 身为同事

在同事中，没有人比ISTJ型人更值得信任，他们可以确保项目按时且按规定完成。

ISTJ型人重视工作环境的安静稳定，而实现这一点的最简单

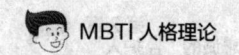

方法就是让他们单独工作，创新、头脑风暴和新想法都会破坏这种舒适的状态。一旦制订了计划，ISTJ型人将付诸实践，因此是团队中不可或缺的一部分。

4. 身为上司

ISTJ型人热爱责任，并会由此产生力量。他们努力履行自己的义务，甚至经常超越自己的职责，并期望他们的下属以同样的奉献精神行事。同时，ISTJ型人喜欢按部就班，坚持等级制度，普遍厌恶创新，这使他们的下属在做事时非常仔细，越级做事必须有事实作为依据，而且要有一定的结果。

ISTJ型人非常不能容忍下属不履行义务，其中一项义务就是坚持计划。因此，先行动后征求许可的做法很难适用于ISTJ型领导。他们相信真相，认为真相比敏感更重要。ISTJ愿意做出艰难的决定，他们也有能力提出严厉的批评。

总的来说，ISTJ型人在工作中很诚实和直接。当然，这类人格在工作和职业上的短板也就一目了然了。他们倾向于抵制任何新想法，表现得非常固执，事实就是事实。这种基于事实的决策过程也使ISTJ型人难以接受他们在某件事上的错误——即使任何人都可能错过某些细节，包括他们自己。

有时候虽然不是故意的严厉，但他们经常会用一句简单的口头禅"诚实是最好的策略"来伤害敏感人群的感情。他们只有在决定以最有效的方式说需要说的话时才会考虑到他人的情绪。

一些ISTJ型精英认为，有了明确的规则，事情才会运转得最好，但这使得他们永远照章办事，不愿违背规则或尝试新事物，即使不利因素非常小。复杂的非结构化环境则会使得他们几乎瘫痪。

除此之外，他们非常武断，认定意见就是观点，事实就是事实，他们不太可能尊重不同意这些事实的人，尤其是那些故意不了解这些事实的人。

最后，ISTJ型人会认为自己是唯一能够可靠地看到项目进展的人。因此他们经常让自己承担额外的工作和责任，并且拒绝其他人的良好意愿和有益想法，由此一来，他们会因为自己无法交付工作而使自己达到临界点。他们不仅会把责任都堆在自己身上，而且会认为失败的责任应该由他们自己来承担。

为此，对于ISTJ型人来说，要想获得自我发展，可以从以下几个方面努力：

1. 提升领导能力

ISTJ型人需要具备优秀的领导能力，包括组织、协调、指挥等能力，这样他们能够有效地领导团队完成工作任务。

2. 培养创新思维

ISTJ型人需要具备创新思维，以不断地对工作流程和方法进行改进和优化，提高效率。

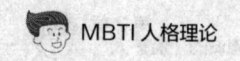

3. 提高沟通能力

ISTJ型人需要具备良好的沟通能力，以与客户、团队成员等各方进行有效的沟通和协调。

4. 提升学习能力

任何行业都在不断发展和变化，ISTJ型人需要不断学习和掌握新技术、新方法和新理论，不断提高自己的专业知识和技能。

ISFJ型人格的职业道路和发展方向

ISFJ型人是一个很独特的类型，他们的许多品质都与他们自身的特质不相符。他们虽然非常照顾他人的感受，但一旦到了需要保护其家人或朋友的时候，会变得非常强悍；虽然安静内向，却有很好的社交技巧和强大的社会关系；虽然追求安全和稳定，但只要他们得到了理解与尊重，就愿意接受改变。

ISFJ型人重视自己的责任，无论在家庭还是工作中，都时刻尽自己最大的努力让别人满意。这种类型的人（尤其是性格不稳定的那些）经常一丝不苟到完美主义的程度，虽然他们有拖延的习惯，但他们总能可靠地按时完成工作。

ISFJ型人适合全身心投入一个项目，并且做出高质量的产品和服务。他们适合在一个传统、稳定、有序、制度化的工作环境中，为别人提供有实用价值的服务。

因此，ISFJ型人适合从事以下工作：

1. 教务、行政、老师、社区工作者、调解员等

ISFJ型人十分注重人际关系，他们善于对人与人直接的矛盾、冲突进行调解与平衡，富有爱心，是典型的社会服务者。这让需要奉献精神和服务意识的职业成了他们的首选。其他人可能做得不开心，但ISFJ型人格却非常乐意。

2. 家庭医生、营养学家等

ISFJ型人不仅守规矩，还贴心，注意细节，温柔并且处处为人着想。他们喜欢为别人服务，喜欢在传统的制度化的工作环境中相对独立地工作，通过现实可行的方法来帮助别人。医疗领域能够充分发挥他们的学习能力、运用技术的能力，并且让他们有机会和别人建立友好、和谐的人际关系。

3. 秘书、人事、前台、客服等

ISFJ型人善于调解人际冲突，处理人与人之间的矛盾，与人交往中往往能够看到对方的优点，所以，他们也比较适合从事公司人事一类的工作。这些工作可以充分运用他们的组织能力和落实重要细节、持续跟进的能力，充分发挥他们在工作中的优势。

当然他们也存在一定的劣势，比如过于关注细节和眼前的事，缺少远见。他们可能会过于谦虚，甚至低估自己的能力。

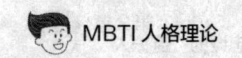

对于反对意见过于敏感，可能会使得他们在工作中感到压抑。所以，他们可能不容易受到领导重用。建议这类型人对不合理的要求或请求，一定要勇于拒绝，要主动表达自己的需求和情感，不要持续大量地工作，给自己一定的时间来娱乐和放松。

另外，他们在分析问题、处理信息、做决策的时候，更容易受到个人主观情感的左右，感性习惯性地大于理性。当然，这正是ISFJ型人富有爱心、同情心，注重人际关系的核心原因；但也因此，ISFJ型人应该尽可能避开需要公事公办的以及需要发挥逻辑思维的工作类型，比如律师、法官、金融分析师等。

通常，他们不擅长处理需要发挥创造力的工作内容。这首先因为直觉短板没有赋予他们丰富的想象力，而想象力是预测各种未来的可能性的本源，这个短板使得ISFJ型人经常担心周围的人，包括上司、下属、朋友、家人等不符合常规的创新行为，因为这意味着不确定性，ISFJ型人认为这是危险的。

其次，直觉的想象力短板使得ISFJ型人自己本身也没有太多新奇的观念和点子，因此，难以胜任需要发挥创造力的工作。

最后，做预测事物发展方向的战略规划。战略规划需要基于现状预测各种可能性，再从各种可能性中选择可能性最高的情况，作为指导目前制订某个计划和方案的依据。因此战略规划工作对他们也有一定挑战性。

总之，对于核心短板，ISFJ型人应该尽可能地避开。类似的工作有企业管理顾问、市场营销、投资规划类工作等。

ISFJ型人的另一个短板是对细节的过度较真。他们非常注重细节，甚至沉浸在细节中无法抽离。

一方面，ISFJ型人本身就不擅长站在全局上进行整体思考，比如"我的岗位职责中哪几项是重点工作，对公司而言是最重要的"；另一方面，ISFJ型人专注、害怕拒绝、注重细节的习惯，导致他们没有太多时间思考"我该怎样才能创造最大化的价值和贡献"。因此，很有可能的结果是，职场里他们花了很多时间和精力做了很多事情，也帮助了很多同事，但他们并没有得到应有的尊重和物质回报。

这并不是否定ISFJ型人，而是说，他们本可以把本职工作做得更漂亮，从而得到上司更多的关注，最终争取到更多升职加薪的机会。那么，ISFJ型人具体该怎么做？

首先，ISFJ型人要列出自己的岗位职责，找出得分项最高的前几项指标；然后，投入尽可能多的时间和精力，将其做到无限地好，好到让自己都觉得很了不起，但要注意，切忌没有重点地平均用力；最后，学会拒绝，每个人的时间和精力有限，ISFJ要防止被别人当成烂好人。

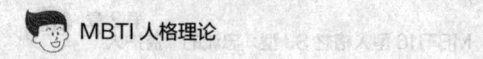

ESTJ型人格的职业道路和发展方向

ESTJ型人格也叫监督者人格、总经理型人格，他们的人格潜质使他们倾向于管理团队、管理企业。他们意志坚定，具有领导天赋。他们工作认真，诚实友好，工作踏实，务实，且意志坚定。他们不适合需要创造力和创新的职业，而是适合具有严谨流程、能发挥他们的领导力的工作，比如业务主管、首席信息官等管理类岗位，因为他们的控制欲以及严格的要求能够使团队工作效率大大提高，并且他们能够冷静地处理工作中发生的各种突发事件，带领团队走向成功。

另外，ESTJ型人也适合物业管理、后勤、采购部经理等。这类职业需要严格遵守流程，而ESTJ型人细心认真，踏实负责，能够做好每一个细节，并且高效率地完成。

ESTJ型人坦率直言，非常有原则，任何人都很难撼动他们的信念和原则，他们是很难改变的群体；他们不喜欢抽象理论，最喜欢学习可立即运用的东西，喜好组织与管理活动，且力求以最有效率的方式行事以达到成效；他们具有决断力、关注细节并能很快做出决定。

ESTJ型人厌恶混乱、无能、懒惰，尤其是不诚实，当某些价值观被打破时，他们会毫不犹豫地表现出不满，他们希望每个人都遵守规则。

那么，在工作中，ESTJ型人有哪些特征呢？

1. 工作习惯

ESTJ型人表现出清晰而一致的倾向，这些在工作场所尤其明显。无论作为下属、同事还是上司，ESTJ型人都会创造秩序，遵守规则，并努力确保他们和周围人的工作以最高标准完成，反对偷工减料和推卸责任。

2. 身为下属

ESTJ型人工作勤奋，按部就班地做事，尽管有些固执和不灵活，但对已被证明更好的新方法持开放态度。然而，他们不愿意多去尝试——坚持规定的责任和履行职责是他们的首要关注点。

ESTJ型人也以忠诚和奉献著称，他们愿意表达他们的意见，尤其是在决定什么是可接受的和不可接受的方面。如果ESTJ型人认为他们的上司不诚实或懦弱，那么他们可能表面服从，实则反对。

3. 身为同事

ESTJ型人喜欢井井有条的工作场所，擅长合作，但不抢占他人功劳。他们认为走捷径是不负责任的，对于那些试图通过炫耀或宣传大胆但有风险的想法来推动前进的人持否定态度，可能因此导致人际关系紧张。

ESTJ型人常常感觉自己是团队的一员，总是愿意接受有助于提高效率的批评，并始终关注周围环境，以确保他们和他们

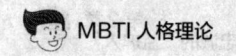

的团队实现预期目标。

4. 身为上司

尽管ESTJ型人有时是专横的，甚至事无巨细，但他们的坚强意志也有助于捍卫他们团队的利益和原则，使其免受干扰和削减。ESTJ型人在任何情况下都不能容忍不良的职业道德，比如懒惰。他们有时希望权威得到无条件的遵守，抵制变革并要求按章办事。

ESFJ型人格的职业道路和发展方向

在所有的人格类型中，ESFJ型人在工作上是最专注的。ESFJ型人喜欢能与人密切合作的工作，并以切实可行的方式帮助别人。他们是很好的组织者和管理者，非常细致和细心。

ESFJ型人喜欢有条理的工作环境，这样他们可以在工作中接触到各种各样的人。他们善于给那些与他们互动的人带来温暖和关怀。当需要完成一项任务时，他们会变得严谨认真，甚至有时看起来很强势。

他们对结构和常规感到舒适，如果同事不遵守既定的程序或规则，他们会很生气。他们非常适合维持现状，尤其是在成熟的中型组织中。

ESFJ型人通常在以下领域会有更好的表现：卫生保健、教育、社会服务、咨询、商业、营销、文书等。他们偏好的典型职业有销售代表、零售商、房地产代理商、兽医、特殊教育老师、护士、理疗师、营销经理、运动教练、口笔译人员、人力资源顾问、商品采购员、公关经理、银行业务员、秘书等。

那么，ESFJ型人在职业中会有怎样的表现呢？接下来，我们从以下几个方面进行分析：

1. 利他动机

ESFJ型人喜欢不仅可以组织环境，还可以组织环境中的人的工作，如管理类工作，这时他们的实践技能与他们的可靠性得以完美结合。

不过，对于ESFJ型人来说，纯粹的分析类职业往往太乏味了，人际互动和情感反馈才能真正满足他们。

ESFJ型人的利他需求很难满足，除非他们知道自己已经为另一个人做了一些有价值的事情，因此利他通常是ESFJ型人事业和职业发展的驱动力。

2. 工作习惯

谈到工作，无论职位如何，ESFJ型人都倾向于利用他们的热情和智慧来确保每个人都知道自己的责任，并能够完成需要完成的事情。ESFJ型人依赖明确的层级和角色，无论作为下属、同事还是上司，ESFJ型人都希望权威得到尊重。

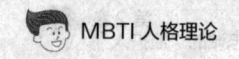

3. 身为下属

ESFJ型人具有明确的职责和使命感，他们是耐心、高效、勤奋的人，他们尊重上司的权威。虽然ESFJ型人也渴望自由，但他们的奉献精神和忠诚为他们赢得了上司的认可。

4. 身为同事

ESFJ型人可以毫不费力地在团队中发挥合作精神。他们经常在工作中寻找朋友，总是愿意在别人需要的时候伸出援手。做为社交"达人"，ESFJ型人需要在一个团队中工作——连续几天从事枯燥的文字工作只会让他们感到疲倦和不满足。

ESFJ型人以这些品质为荣，而这些品质的副作用是让他们在受到批评时特别敏感。当他们的建议和帮助被拒绝时，ESFJ型人常常会感到沮丧，与此相对的，他们渴望同事不时表达对他们的感激之情。

5. 身为上司

ESFJ型人喜欢带领团队，他们所感受到的乐趣会驱使他们寻找管理类职位。作为团队负责人，ESFJ型人会想方设法让每个人都参与其中，带领大家共同奋斗以完成工作。

同时，ESFJ型人尊崇传统的权力结构，如果有人挑战他们的权威，他们可能会感到压力大而发脾气，而且通常反应很糟糕。ESFJ型人对自己的权威很敏感，不喜欢冲突，更喜欢每个人都明确自己的角色。

第3章

MBTI 16型人格之SP型：技艺者

有SP倾向的人有冒险精神，反应灵敏，在任何技巧性强的领域中都能游刃有余。他们为行动、冲动和享受现在而活着。具有SP倾向的人喜欢艺术、娱乐、体育和文学，他们被称为天才的艺术家。例如，我们熟悉的歌星麦当娜、篮球运动员"魔术师"约翰逊、音乐大师莫扎特等。那么，他们有着怎样的性格特征，在亲密关系、社交关系、亲子关系中又有怎样的表现，在职业道路和发展方向上又该注意些什么呢？带着这些问题，我们来看本章的内容。

ISTP型人格——鉴赏家

ISTP型人坦率、诚实，注重实效、平等、公平，喜欢行动，而不是说话。他们谦虚、沉默，通常看起来高冷，其实容易害羞，对完成工作的方法和技能有天生的理解，一般擅长使用工具和手工劳动。

ISTP型人喜欢帮助别人和分享经验，特别是对他们关心的人。ISTP型女性比较罕见，她们的角色可能与社会对女性的预期不相配，通常从童年开始就被当成是假小子。

ISTP型人擅长使用所有形式的工具，喜欢用手和眼睛去探索事物，他们通过冷静的理性主义和饱满的好奇心来感知和体验这个世界；通过解决难题、反复试验和获得第一手的经验来探索新想法。

我们可以总结出ISTP型人格的优缺点：

1. 优点

● 积极向上、乐观、精力充足——ISTP型人往往自信、开朗、心地善良，他们在某些项目中会做到竭尽全力，且不会感到压力大。与那些喜欢坚持己见的人相比，他们更愿意随大溜。

- 自发性和理性——将自发性与逻辑相结合，ISTP型人可以毫不费力地转换思维方式以适应新情况，从而使他们变得灵活而多才多艺。
- 创造性和实用性——在实用的东西、机械和工艺方面，ISTP型人非常富有想象力。他们很容易出现新颖的想法，并且喜欢付诸实践。
- 知道如何确定优先级——这种灵活性伴随着一些不可预测性，但ISTP型人能够保持他们的自发性以备不时之需，在最需要的时候释放他们的能量。
- 危机中的伟大——他们有着出色的能动性，所以哪怕处于危机中，他们也从容应对，他们甚至还会享受风险。
- 淡然——他们的人生哲学就是活在当下、顺其自然、不为未来担心太多。

2. 缺点

- 固执——他们喜欢朝着一个既定目标前进，很少承认自己的错误。如果有人想要改变ISTP型人的习惯、生活方式或想法，ISTP型人会变得非常生气。
- 不喜欢承诺——ISTP型人不喜欢做出长期承诺，他们更喜欢走一步看一步，否则他们会感觉很压抑，而这一点也是ISTP型人在恋爱中需要面对的挑战。
- 无法长期专注某件事——他们喜欢新奇的事物，但是很难长期关注某一事物，一旦理解了，就倾向于转向新的和更有趣的东西。

● 喜欢沉默，不爱闲聊——众所周知，ISTP型人的个性很难被理解，他们较内向，更喜欢沉默而不是闲聊。

● 缺乏同情心和同理心——ISTP型人善于使用逻辑，当他们试图表达同理心和情感时，通常会半途而废。

● 冒险行为——ISTP型人会因为好奇链而走险，但如果他们失去对局势的控制，这可能会给周围的每个人带来灾难性的后果。

在不同关系中，他们的表现也不同：

1. 在亲密关系中

与ISTP型人谈浪漫关系有点白费力气。约会时"鉴赏家"的个性复杂而有趣，冷酷与超然交织，激情、自发并享受当下。在和ISTP型人的关系中，没有人可以强迫他们做什么事，但只要他们有足够的空间做自己，他们就会很乐意享受终生稳定的伴侣关系。

在约会的早期，ISTP型人可能特别轻浮——他们活在当下，总是在寻找新的活动和体验。如果潜在的伴侣没有达到标准，ISTP型人就会走开。ISTP型人需要大量的个人空间，无论是身体上还是精神上，任何试图控制他们或强行安排他们的活动的企图只会加速他们的离开。

另外，ISTP型人会尝试改变他们伴侣的习惯，这很可能是

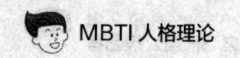

在试图让他们放松一点，玩得开心。在约会方面，ISTP型人是感性的个体，随时准备使用他们所有的感官，并将亲密关系视为一种艺术、一种表演和一种快乐的源泉。

随着关系的发展，ISTP型人的伴侣可能会发现亲密关系是他们最能进行开放情感表达的关系。这并不是说ISTP型人没有感情，相反，他们的感情是非常深刻和强烈的，只是他们善于隐藏和保护它们，因为他们不知道如何处理和表达感情。

2. 在社交关系中

在社交中，ISTP型人非常受欢迎。他们开放的思想、有趣的爱好和轻松的态度具有吸引力。

3. 在亲子关系中

在亲子教育中，ISTP型人给他们的孩子更多的自由和机会，在合理的范围内让孩子做任何想做的事。在他们看来，外面的世界很大，需要探索和体验。没有什么比他们的孩子整天坐在家里看电视更让ISTP型父母感到困惑的了，他们期望他们的孩子享受自由——也就是说，以探索和体验的名义利用它。

ISFP型人格——探险家

在分析这一人格前，要先拆解组成这一人格的要素。所谓

"ISFP",指的是以下四个元素的组合:

内向(I):他们往往内向而安静,尤其是在他们不太了解的人身边。他们更喜欢与一群亲密的家人和朋友共度时光。

实感(S):他们花更多时间思考此时此地,而不是担心未来。他们也更喜欢具体的信息而不是抽象的理论。

情感(F):更关心个人问题,而不是客观、合乎逻辑的信息。

感知(P):喜欢保持开放的选择,因此他们经常延迟做出决定,以观察事情是否会改变或是否出现新的选择。

他们是灵活、有魅力的艺术家,随时准备探索体验新鲜事物。他们是真正的艺术家,会运用审美、设计,甚至选择和行动来打破社会常规。他们喜欢用美感和行为方面的实验来颠覆传统的期望,构建美好的事物,对旁人的感受很敏感且重视和谐。

他们利用自己的时间自省,审查并重新评判自己的信条。与纠结于过去或未来相比,他们更愿意思考此时此刻的自己。

ISFP型人格具有以下优缺点:

1. 优点

● 富有想象力——ISFP型人擅长洞察他人的情绪,然后在此基础上构思想法,传达人们的心声。虽然这一优点无法在简历上呈现,却常以意想不到的方式帮助他们。

● 好奇——他们通常能有很好的想法,但想法还需要验

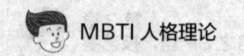

证，围绕科学展开的工作似乎与他们的特点不相称，但大胆的艺术和人文主义视野往往也是研究向前发展所需要的。

● 充满激情——表面上看，ISFP型人是安静的、害羞的，但是他们拥有着强烈的感情。当这种性格类型的人陷入令他们兴奋的有趣的事情时，他们可以将其他所有事情都抛诸脑后。

● 迷人——他们给人的感觉是轻松的、热情的，他们对待生活的轻松态度使他们讨人喜欢和受欢迎。

● 共情——ISFP型人很容易与他人的情绪联结起来，这一点帮助他们建立和谐关系、表达善意，并尽量减少冲突。

● 艺术——他们能以令人惊叹的方式展现出他们的创造力，无论是创作还是表达情感，甚至仅仅是在图表中呈现数据，ISFP型人都有一种独特的方式。

2. 缺点

● 追求独立与自由——这是ISFP型人穷其一生都在追求的，任何与此相悖的东西，比如传统与硬性规则，都会对他们造成压迫。

● 容易紧张——ISFP型人活在当下，充满情感。但一旦情况失控，他们的心态也就同时失控，尤其是那些本就暴躁的ISFP型人，更是会失去魅力和创造力，转而焦躁不安、咬牙切齿起来。

● 不可预测——ISFP型人不喜欢长期的承诺和计划。这可能会导致他们在情感中出现危机，或者陷入财务困境。

- 波动的自尊——对于技能的要求可以量化，但这一点与他们的艺术性和敏感性相去甚远。ISFP型人的努力常常被忽视，这是一种伤害性和破坏性的打击，尤其是在生命的早期。探险家在没有强大支持的情况下就会开始相信反对者。

- 过度竞争——本来是一件小事，他们可能会将其升级为激烈的竞争。他们在寻求荣耀的过程中拒绝长期成功，但在失败时又会不高兴。

ISFP型人善良、友好、敏感和安静。和通过与他人互动获得能量的外向者不同，内向者会在和他人相处中消耗能量。在与人相处之后，内向的人往往会发现他们需要一段时间独处。

因此，他们通常更喜欢与一小群亲密的朋友和家人交往。虽然他们安静和矜持，但他们也以和平、关怀和体贴著称。ISFP型人态度随和，倾向于接受他人的本来面目。

ISFP型人非常注重隐私，他们对自己的真实感受保密。在某些情况下，他们可能会避免与生活中的其他人分享他们的想法、感受和意见，甚至是他们的恋人。因为他们不喜欢分享自己内心深处的感受并试图避免冲突，所以他们经常顺从他人的需要或要求。

ISFP型人与周围的世界非常融洽。他们对感官信息非常敏感，即使是环境中发生微小的变化时也能敏锐地意识到。正因为如此，他们往往高度重视美感，欣赏美术。

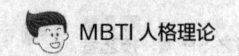

ISFP型人更喜欢实用、具体的信息，并且往往是"实干家"而不是"梦想家"。他们不喜欢抽象理论，除非他们能看到某种理论的实际应用；并且更喜欢能带来实践经验的学习环境。

ISFP型人具有稳固的价值观，但并不会试图说服其他人接受他们的观点。他们非常关心他人，尤其是他们最亲密的朋友和家人。他们以行动为导向，倾向于通过行动来表达关心，而不是讨论感受或表达情绪。

ISFP型人热爱动物，对自然有着强烈的欣赏。他们可能会寻找能让他们接触户外和动物的工作或爱好。

ISFP型人是完美主义者，可以成为他们自己最严厉的批评者。因为他们对自己寄予很高的期望，所以他们经常低估自己的技能和才能。

在亲密关系中，ISFP型人非常神秘，很难了解。虽然是非常情绪化的人，但他们小心翼翼地保护着这个敏感的核心，宁愿倾听也不愿表达。ISFP型人更关注他们的伴侣，对表达自己的情绪没有兴趣。虽然这有时会令人沮丧，但如果他们感到被接纳，ISFP型人将会是热情的伴侣。

随着关系的发展，ISFP型人会开始展现出活力和自发性。ISFP型人可能不是伟大的长期计划者，他们更愿意让他们的伴侣在逻辑和策略方面带头。ISFP型人也充满爱心和忠诚，他们喜欢用有趣的方式给他们的伴侣带来惊喜。

ESTP型人格——企业家

ESTP型人格是16型人格中的一种人格类型。其中E代表外向，S代表实感，T代表思维，P代表感知。

ESTP型人聪明，精力充沛，善于感知，享受冒险的生活。在聚会上，如果你看到某个人在人群中穿梭自如，自带直接而朴实幽默的风格，那么，此人大概率就是ESTP型人，他们喜欢让自己成为人群中的焦点。如果此时有机会上台，他们会自荐，或推荐一个害羞的朋友。

在沟通中，如果你和他谈论理论、抽象概念和单调乏味的话题，他们很难感兴趣。他们充满活力，也不乏智慧，他们喜欢讨论此时此刻的事，或者干脆动身去做。ESTP型人不会瞻前顾后，他们会在前进的过程中改正错误，而不是闲坐着思考备用计划或半途而废。

他们享受戏剧性，激情和快感，不是追求情绪的波动起伏，而是为了给他们的逻辑思维带来刺激，他们会在刺激反应中根据眼前的实际情况做出理性决策。

我们可以总结出这类人的性格优缺点：

1. 优点

● 大胆、创新——他们充满活力。对于ESTP型人来说，没有什么是比突破界限、发现和使用新事物和新想法更有趣的了。

- 原创——结合他们的大胆和实用性，ESTP型人喜欢尝试新的想法和解决方案。他们会以其他人意想不到的方式将事物组合在一起。

- 洞察力——这是ESTP型人身上的独特性，他们总是能注意到事情什么时候会发生变化，习惯和外表的微小变化对ESTP型人来说很重要，他们利用这些点建立与他人的联系。

- 善于交际——他们是天生的团队领导，交际并不是他们积极寻求的东西，具有这种性格类型的人只是善于利用社交互动和社交机会。

- 直接——他们不喜欢与人玩智力游戏，更倾向于用直接和客观的问题、答案来进行清晰的交流。

- 理性、实际——虽然ESTP型人热爱知识和哲学，但出发点并不是他们自己，他们之所以有这样的兴趣，是为了找到可行的想法并深入研究细节，以便为他们所用。

2. 缺点

- 对他人不耐烦——他们喜欢按照自己的节奏来做事，这让他们感觉兴奋，但别人可能不明白或者速度赶不上他们，这让ESTP型人无法忍受。

- 麻木不仁——对于ESTP型人来说，感觉和情绪仅次于事实和现实。情绪激动的情况是尴尬、不舒服的事情。这些人通常也很难承认和表达自己的感受。

- 容易冒险——不耐烦可能会导致ESTP型人在不考虑长期后果的情况下进入未知领域，有时会故意冒额外的风险来对抗无聊。

- 挑衅——ESTP型人不会被束缚。重复、强硬的规则——比如在听课或者开会时安静地坐着——对于他们来说很难办到，他们喜欢用行动来说话，亲力亲为。像学校这样的环境和许多机械式的重复的工作可能让他们感到很乏味，以至于他们无法忍受。他们更倾向于通过付出非凡的努力并保持足够长时间的专注来获得更自由的职位。

- 非结构化——虽然ESTP型人能看到机会，善于抓住时机，但他们在此过程中往往无视规则和社会期望。虽然这也能完成任务，但会产生意想不到的社会影响。

- 可能会错过更大的可能性——活在当下的生活态度可能会让他们的眼光局限于当下而看不到未来，这种性格类型的人喜欢在此时此地解决问题。

在不同关系中，他们的表现也不同：

1. 在亲密关系中

在亲密关系中，他们是很难为"结婚"这个话题而担忧的，ESTP型人可能不会花很多时间计划"有朝一日"，但他们的热情和不可预测性让他们极具吸引力。

然而，亲密关系提升到更深层面可能会变得很有挑战性。

ESTP型人很容易感到无聊，他们会寻求持续的兴奋——有时甚至会在感到被困时故意将自己暴露在风险之中。如果他们的伴侣跟不上，ESTP型人可能最终会寻找新的人。这并不是说ESTP型人性格不忠，相反，他们可能会想："既然这行不通，我为什么还要假装它行得通？"

因此，在关系的维系上，ESTP型人可能还需要付出更多的耐心和努力，最好在情感问题上做好长期规划。因为并不是每一天都会充满新鲜感，都会让人兴奋。

2. 在社交关系中

凭借令人羡慕的想象力和令人振奋的自发性，ESTP型人从不乏味。他们喜欢探索有趣的想法，无论是从他人嘴中探问还是亲眼看看，ESTP型人似乎总是在进行一些有趣的活动。同时，ESTP型人性格随和、宽容、有魅力，因此颇受追捧。

3. 在亲子关系中

在亲子教育问题上，他们是很多孩子认为的完美父母，因为他们热爱玩乐、灵活且善解人意，真正喜欢与孩子共度时光，并且知道如何确保每个人都玩得开心，也能给孩子们足够的自由。ESTP型人有一种与生俱来的好奇心和自发性，这与幼儿对学习的好奇和永不满足的愿望完美匹配。

不过，ESTP型人也面临一项重大的挑战：情感纽带。感情往往被ESTP型人视为一种非理性的分心，而不是表达和联系的工具。如果他们的孩子碰巧更敏感，这可能成为ESTP型人和他们的孩子关系紧张的根源。

尽管如此，ESTP型人发现，通过分享活动和经验，可以与孩子建立健康、真诚的纽带，更深入地了解孩子的独特需求、梦想和生存方式。这带来额外好处——孩子不会觉得他们必须隐藏自己的错误，这是亲子关系中最难得的部分。

ESFP型人格——表演者

ESFP又称"演员""表演者"。其中E代表外向，S代表实感，F代表情感，P代表感知。他们是人群中的"开心果"，热情洋溢，爱开玩笑，活泼爱玩，心理年龄小。他们总是精力充沛，热爱聚光灯，生活在他们的周围，我们一定不会感到无聊。在人群中，他们也丝毫不吝啬给他人打气助威。与人聊天时，他们喜欢炫弄自己独特而不失率直的幽默感，努力成为目光的焦点。

他们是真正的"社交高手"，喜欢最简单的事物，对他们而言，没有比跟一大群好友嬉笑玩乐更快乐的事情了。他们观察力敏锐，能够非常敏感地捕捉到他人的情绪，通常都有点戏剧化且激情四溢。

ESFP型人面临的最大挑战在于，他们常常过度沉溺于眼前的一时痛快，以至于总是忽视自己的义务和责任。复杂的分析、重复的劳动，比如将统计数据与实际的结果进行匹配，对于ESFP型人而言绝非易事。他们宁愿寄希望于运气或机遇，或者干脆从一众朋友那里寻求帮助。对于ESFP型人而言，要让他们长期记录一些事情，例如退休计划或糖摄入量，他们会感到非常头痛，因为并不是总有人在他们身边盯着，帮他们办好这些事情。

ESFP型人注重价值和质量，这些本身都是珍贵的品质。但他们常常不善于规划，因此他们常常寅吃卯粮、入不敷出，信用卡对于他们而言是格外危险的东西。ESFP型人会将更多精力放在祈祷机遇的垂青上，而不是脚踏实地规划长期目标，他们的漫不经心常常会让一些计划泡汤。

在需要欢声笑语，或尝试新鲜有趣的事物时，ESFP型人最受欢迎——带着大家一起玩最让他们开心。他们可以天南海北地聊上几个小时，他们愿意分享或分担所爱之人的感受，无论开心还是难过。只要能记得把事情安排得井井有条，他们就做好了带上朋友去体验这世界上的一切新鲜事物的准备。

我们可以总结出ESFP型人格的优缺点：

1. 优点

- 大胆——ESFP型人不会因为在人前而感到怯场，也不会局限于现在生活的舒适区，他们喜欢体验新鲜事物，勇气是他们的代名词。

● 观察力强——ESFP型人非常擅长观察到事物发生的变化。

● 关注美且喜欢表演——他们对美的追求并不止停留在服装上，还表现在言行举止上，对于他们来说，每天都是一场表演，ESFP型人喜欢表演。

● 原创——传统和期望对于ESFP型人来说是次要的，他们喜欢尝试新风格，并不断寻找在人群中脱颖而出的新方法。

● 实用——在他们看来，世界是用来感受和体验的，他们喜欢看和做，而不喜欢假设，更不喜欢哲学思考。

● 冲突厌恶——ESFP型人有时会完全忽略并避免冲突。他们倾向于说和做更有用的事情来摆脱这种情况，然后转向更有趣的事情。

● 优秀的人际交往能力——ESFP型人喜欢将关注的目光放到人身上，他们健谈、诙谐，而且几乎从不乏可讨论的话题。对于这种性格类型的人来说，幸福和满足源于他们与喜欢的人相处的时间。

2. 缺点

● 敏感——ESFP型人大多数情绪化，一旦被批评，他们会觉得自己被逼到了角落，有时反应很糟糕。这可能是ESFP型人最大的弱点。

● 热情易退却——难以保持长时间的兴奋，冒险行为、自我放纵以及长期计划中的一时快乐都是ESFP型人渴望的。

● 缺乏专注力——任何需要长期奉献和专注的事情对ESFP型人来说都是一个特殊的挑战。在学业上，他们学习经典文学等成熟、稳定的学科比学习心理学等更具活力的学科要困难得多。ESFP型人的诀窍是在更广泛的目标中找到日常的快乐，以把那些必须完成的单调乏味的事情坚持下去。

● 目光短浅——他们很少为未来规划，也很少制订长远目标，对他们来说，既来之则安之，没必要考虑那么多，所以他们很少花时间去安排步骤和后果，他们相信他们可以随时改变——即使是原本可以计划的事情。

在不同关系中，他们的表现也不同：

1. 在亲密关系中

在亲密关系中，由于他们是热爱社交、娱乐且天性奔放的人，他们在约会时也注重新鲜感和活力，享受不可预测的事物。

然而，很明显的是，他们是不成熟的，一旦他们觉得感觉不同了，便会考虑分手。虽然ESFP型人可以为他们的关系而努力而不是把伴侣换掉，但他们需要更加成熟和更多经验才能意识到这是值得的。

ESFP型人倾向于避免承诺，甚至会破坏必要的长期目标，如退休计划。对于他们来说，建立真正的关系需要时间和有意识的努力。

然而，幸运的是，ESFP型人是非常讨人喜欢的人，他们享受生活中的小乐趣，并且几乎不希望他们的伴侣有多样性。他们有着热情而深沉，纯洁而脚踏实地的爱，他们宁愿花时间找到真正喜欢的人，而不是过早追求稳定而失去幸福，导致两败俱伤。

2. 在社交关系中

他们在社交场合中常常不是真实的自己，而是按照一定的"角色"去行事，从而获得一种心理上的满足，其典型的表现就是"角色扮演"。ESFP型人喜欢结交新朋友，对于他们来说，新奇就是王道，在其他一些人看来，ESFP型人是肤浅的、以快乐为中心的生物，他们除了自己几乎不关心任何人。这是一个可怕的误解，与事实相去甚远，ESFP型人真诚地关心他们的朋友——这就是为什么他们付出如此多的努力来设计每个人都会喜欢的团体活动，因此，当一段友情结束时，他们往往会感到很痛苦。

3. 在亲子关系中

ESFP型人是最放松、最有趣的父母。与孩子一起玩耍对他们来说是一种真正的乐趣，他们会不断设计新的和令人兴奋的方式来享受与孩子在一起的时光。从他们抱着婴儿的第一刻起，ESFP型人就被他们的孩子让他们感受到的喜悦和惊奇所吸引，并与他人分享。

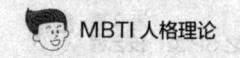

ISTP型人格的职业道路和发展方向

ISTP型人的职业道路可能和名字由来一样：神秘且多样。对实际事务的热爱以及对当下的关注让ISTP型人看起来很"冷"。他们的决定总是那么客观公正，没有个人情感色彩，而且是基于分析的。ISTP型人日常生活是即兴的、灵活的，在一个新的环境中，无论突然出现什么人或事，他们会立即给予关注，尽管他们经常不说。

其实，这种人格类型的人在生活中的很多方面都是很难确定的，时常在想"下一步是什么"。这使ISTP型人成为最神秘的人格类型之一，同时也是职场中最多才多艺的人格类型之一。

ISTP型人是天生的问题解决者，他们坚定不移地关注实际的解决方案（尽管可能并不总是解决实际问题）。没有人能像ISTP型人一样对事物的运作方式、如何使用工具以及如何将事实组合在一起以产生直接和令人满意的结果如此着迷。这种好奇心和动手能力的结合使ISTP型人成为优秀的机械师、工程师、平面设计师、法医和科学家。

在与他人的关系中，ISTP型人是慷慨和反复无常的结合体。一方面，他们会对周围的人非常宽容，有时甚至像ESFP型人一样。另一方面，他们渴望无拘无束的自由生活，所以在做一些决定时可能不会照顾周围人的感受。此外，由于过于致力于行动，他们很容易沉浸。

作为团队的一员时，ISTP型人的完美主义倾向和个人诚信总能使他们更好地完成工作，无须控制。

谈到工作，ISTP型人的最高要求往往是一种不可预测和兴奋的感觉。这种品质使得ISTP型人的个人关系面临足够的挑战，即使是在亲密的朋友和直系亲属之间。

当然，只要有一点空间和需要动手解决的问题，ISTP型人就可以成为周围最有生产力的人。与任何人一样，强迫ISTP型人进入不适合的模式是行不通的，认识到他们独特的观点和天赋才可以带来非凡的结果。

他们偏好的工作领域有：服务、技术、刑侦、健康护理、商业、金融、手工、贸易等。

典型的偏好职业有：计算机程序员、软件开发商、医疗急救技术员、商业精英、商务专员、警察、武器专家、消防员、海关验货员、体育器材用品卖家、海洋生物学家、经济学者、证券分析员、银行员工、管理顾问、生理医学专家、药师、园艺工作人员、驯兽员、技术培训师等。

在工作中，ISTP型人通常有这样一些特征：

1. 身为下属

作为下属，ISTP型人最渴望的是一点空间。他们愿意在某家公司一直干下去，只要他们的雇主和上司不试图强迫他们做

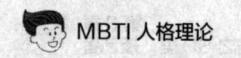

出第二天无法撤销的承诺。严格的规则、指导方针和正式协议会让ISTP型人到局促和无聊。如果他们的习惯或方法受到批评或被迫改变，ISTP型人可能会出人意料地冷酷无情。

ISTP型人一天的待办事项清单是需要不断修改或处理的随机列表。"鉴赏家"具有为这样的场合节省精力的天赋，并且可以以惊人的热情处理这样的待办事项清单。不过，他们的任务都需要亲自动手，如果所有项目都以"想出一个策略"开头，那么最好找一个NT类型的人。

2. 身为同事

ISTP型人往往比自己预期的更受同事的喜爱。他们比较安静内向，通常需要一点物理空间，但同时喜欢了解别人的工作，看看是否有什么有趣的事情发生。"鉴赏家"们不是天生情绪化或善解人意的，他们往往使用一种直率的沟通方式，可能会导致误解或伤害他人感情。

ISTP型人有很强的幽默感，即使有时有点冒犯；他们不仅能抵抗工作场所的冲突，而且善于用恰如其分的笑话来化解矛盾，让一切都变得合理。

3. 身为上司

ISTP型人对待他们的下属就像他们希望被对待的那样：少说话和保持界限。ISTP型人不喜欢交谈或表达情绪，敏感的人可能会认为他们冷漠和疏远。事实上，虽然从ISTP型人那里得到的反馈可能并不多，但是当问题确实出现时，他们是很好的倾听者，会给出实用、公平和公正的解决方案。

在管理方面，一般来说，ISTP型人管理风格较为突兀、直接、非常规。他们认为应该使用"尽管去做，不用说"的方式激励他人。ISTP型人也愿意攀爬管理层的阶梯，但他们只是把这当作一个有趣的游戏。一旦兴趣减少，他们的耐心就会消失，他们便会悄悄地离开。即使他们待在那里，目的也只是寻找刺激。

我们能同时总结出他们在工作中的优劣势：

1. 工作优势

- 优秀的处理任务和交付产品的能力；
- 敏锐的观察力和对事实数据的出色记忆力；
- 整理混乱的数据和可辨认的事实的能力；
- 独自工作或与钦佩的人并肩工作的能力；
- 在压力环境下对困难保持冷静的能力；
- 知道完成工作需要做什么，必须做什么；
- 用手和工具工作的能力；
- 适应突然变化和快速变化的能力；
- 实质性和丰富的常识；
- 确定和利用有效资源的能力；
- 灵活，愿意冒险，尝试新事物。

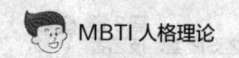

2. 工作劣势

- 很难看到行动的深刻影响；
- 缺乏对言语交流的兴趣，尤其是表面上的交流；
- 不喜欢提前准备，在组织时间上有一定的困难；
- 对抽象、复杂的理论缺乏耐心；
- 有对别人感到迟钝和麻木的倾向；
- 容易变得无聊和焦虑；
- 很难看到前所未有的机会和选择；
- 对行政工作和程序缺乏耐心；
- 不愿重复；
- 很难做出决定；
- 独立性强，不喜欢规章制度、官僚作风；
- 抵制长期目标的确定，难以实现最后目标。

ISFP型人格的职业道路和发展方向

ISFP型人是现实主义的梦想家，是16种性格类型中最热情、最有创造力、最随性的一种。ISFP人格类型的人在人口中占比排名第四——8.8%。其中57%是女性，43%是男性。

这种人格专注于此时此地，他们会充分享受生活，珍惜现在的时刻,并在更实际的活动中找到真正的乐趣,如绘画或制作手工艺品。

无论是什么职业,ISFP型人所做的一切都必须与他们根深蒂固的价值观和目标相一致。他们通常被那些能够真正帮助他人的职业所吸引,比如医生、艺术家、歌手。

许多ISFP型人被艺术所吸引,在那里他们可以表达自己复杂的内心世界和价值观。ISFP型人具有高度的同理心,他们几乎在每一件事中都能洞察到人性。

计划和控制不适合ISFP型人,他们更喜欢待在幕后做他们喜欢的事情,保持平衡,这包括选择保持快乐的无序状态,因此,ISFP很少会成为领导者。

有人说,ISFP型人天生就是企业家。在商业领域,他们往往能如鱼得水,获得较大的成功,但也可能因为太过冲动而导致较大的失败。

这一类型的人也很喜欢公共关系和广告领域里快节奏和充满诱惑力的世界。他们能够利用个人魅力和与人相处的技巧来推销自己的思想和观点。

由于这一类型的人具有很强的预知和创新能力,在一些开发和规划的工作上,他们可以做得很出色。因为有关规划和开发的工作需要从事这些工作的人能放开眼光。

他们非常擅长预测事态发展的趋势和方向,也能够提出一

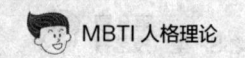

些有独特见解的具体计划，并且常常能以此为乐。

除了商业领域之外，ISFP型人在科学研究、体育、娱乐领域也占有一席之地，他们往往想法大胆，行为不拘一格，从而能获得常人所不能得到的成就。谈到职业世界，ISFP型人需要的不仅仅是一份工作。财富、权力、进步和安全都是ISFP型人最大需求——创造自由的次要目标。ISFP型人渴望一个有形的想象力发泄口和表达自己的机会。

ISFP型人是充满激情的实验者，无论他们是否意识到这一点，他们都是著名的潮流引领者。凭借独特的视角和做自己的简单愿望，ISFP型人是天生的艺术家、音乐家和摄影师，以及各行各业的设计师。

为此，我们可以总结出他们在工作中的特点：

1. 追求绝对的自由

ISFP型人厌恶在一成不变的环境中无所事事。他们是自由的灵魂，需要即兴创作的机会，以及能够激活各种感官的沉浸式工作。如果他们将这些需求与他们的竞争天性结合起来，ISFP型人就会成为出色的单人运动员。ISFP型人更喜欢活在当下，相信此时此地才是最重要的。

2. 展望明天

这种心态可能会阻碍他们从事许多理想的职业，例如心理学家、咨询师和教师，这些职业需要长期规划并且通常需要取得繁多的认证才能开始。ISFP型人需要大量的精力才能长时间专注于这样一个目标，但这可以让他们的余生中的每一天都变得更加有意义。

3. 工作习惯

在工作场所，ISFP型人会寻找能够给他们尽可能多的回旋余地来按照自己的方式做事的职位。充斥着严格的传统和严格执行的程序的环境不太可能吸引ISFP型人。他们是自发的、迷人的、真正有趣的人，ISFP型人只是想有机会表达这些自然品质，并知道他们的努力得到了赞赏。

4. 身为下属

不喜欢被控制，这在从事岗位上可以很明显地表现出来——他们讨厌被管理。与此同时，ISFP型人以他们的适应性和自发性而闻名，而不是他们的专注力。他们会使用非常规的方法，甚至有时是有风险的方法。要成功管理ISFP型人，需要明确设定目标，否则需要一个非常开放的环境。

如果这种平衡能够发挥作用，ISFP型人就会表现出他们是热心的学习者和热情的问题解决者，尤其是当他们能够与其他人一对一地工作或独自解决问题时。这种性格类型的人谦虚，甚至害羞，不太可能通过自愿提供帮助而使自己陷入困境。但是ISFP型人确实喜欢被欣赏，如果被分配了一项任务，他们会努力工作以获得称赞。

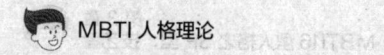

5. 身为同事

与他们的同龄人相处时，ISFP型人感觉最舒服。与别人合作并提供一些建议以解决实际问题是他们非常喜欢的事。如果他们需要过多的社交互动，他们可能会筋疲力尽，但他们在其他方面非常迷人，并且拥有出色的技能。

ISFP型人宽容而友善，通常只做需要做的事。但"探险家"很敏感，需要知道这些努力是令人赞赏的，因此恰如其分的赞美会大有帮助。ISFP型人有时会让他们的个人目标影响他们的工作方式，这可能使他们有点难以预测，但这与他们对和谐的渴望和尽可能寻找双赢方案的意愿相一致。

6. 身为上司

对ISFP型人来说最具挑战性的是管理。他们不是专横的性格类型，不喜欢控制他人、制订长期目标或管教出格的行为。不过不喜欢不代表他们不擅长做这些事。

ISFP型人的敏感性使他们成为出色的倾听者，帮助他们让下属的个人动机与手头的任务保持一致。他们还让下属自由地做需要做的事情，还很可能会和下属一起深入研究这项工作，这使得他们通常很受欢迎。

ESTP型人格的职业道路和发展方向

我们都知道，ESTP型人目标清晰，进取心强，不愿安于现状，他们喜欢领导者的角色，因此，我们经常能在市场营销、工商管理等领域看到他们的身影。当然，因为ESTP型人逻辑性强，思维活跃，注重形象，做事有毅力，对财富较为敏感，他们还可以从事新媒体运营、互联网信息技术等专业工作。对于ESTP型人来说，最理想的当属经营管理性质的工作，其本人的意愿偏向于团队和企业的管理者和领导者，而这样的岗位在各行各业都是存在的。

在工作中，当谈到ESTP型人的职业选择时，"行动"是关键词。他们会独立思考，并且擅长在紧要关头做出快速决策。同时，他们是和蔼可亲的人，无论走到哪里，他们似乎总能结交朋友，积累人脉。这也是他们的专属财富。

这种社交本领与ESTP型人天生的胆识和即兴技巧相结合，使他们非常适合销售、商务谈判、营销，甚至表演。他们相信自己会做出正确的决定。风险无论大小，都是生活的一部分，ESTP型人不会坐等高层的老板告诉他们该怎么做。

限制、规则、高度结构化的环境——这些都让ESTP型人"发疯"。这种性格类型的人会按照自己的方式生活，这使他们能成为出色的商人和自由职业者。这些角色还允许他们将工作中更

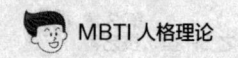

烦琐的方面，如会计、细致的研究等委派给更适合的人。

ESTP型人是好奇心强、精力充沛、喜欢行动的人。相比于分析和管理公共安全资源分配的物流行业，他们更愿意驾驶救护车、巡逻街道、用双手拯救生命。他们观察力强但不耐烦，这使他们能够一目了然地了解整个情况并快速采取行动。任何需要应急响应的工作对ESTP型人来说都很棒，无论是医护人员、警察还是士兵。

总结下来，对于ESTP型人来说，他们身上的友好特质，以及喜欢观察的优势，让他们适合很多职业。不管专业学的什么，只要他们愿意，就可以做好每一件事情。他们有自己的想法，不喜欢好高骛远，注重脚踏实地。他们上进乐观，积极向上，除了是一个实践者之外，也是一个不错的谈话者。ESTP型人在以下职业领域会格外如鱼得水：

1.稽查、审计、保险经纪人

ESTP好奇心强，喜欢解决问题，观察力比一般人好，这些特质决定他们可以选择以上几种职业。有问题他们就会解决，没问题也会挑问题去解决，做事情有自己的一套方法，这些品质在哪都受到青睐。

2.摄影、摄像、拍卖行业

ESTP型人喜欢冒险，富有探索精神，寻求刺激，所以做娱乐行业会有优势。即使什么都不做，自己也会感觉到非常有意义，不会出现太多的问题。当他们选择上述几种职业之后，会变得非常有积极性，展现出性格中的优势。

3.电器工程师、后勤和供给人员、园艺设计

ESTP型人擅长进行手工操作，做事情非常有耐心，所以对于ESTP型人来说，在选择职业的时候应该考虑一下设计之类的岗位。这些岗位要求动手能力强，不能掉以轻心，做事情有自己的一套规则，因此很适合这类人从事。

以上职业仅仅是针对性格特征来做分析，其实在我们实际应用中，还有更多选择，此处仅仅是提供思路和思考方式，并不能列举所有合适的专业和职业。建议大家重视性格特征的分析，根据自己的优势去选择职业。

那么，在工作中，ESTP型人都有怎样的表现呢？

1.工作习惯

ESTP型人喧闹、有趣，也许有点儿粗鲁，喜欢在问题出现时解决问题，并在事后讲述关于他们解决方案的精彩故事。自然，有些职位比其他职位更适合这些品质，但ESTP型人是适应性强的人，他们可以找到一种方法让几乎任何情况都变得更有趣。

2.身为下属

对ESTP型人最具挑战性的岗位是大多数人作为起点的岗位：一名下属。虽然ESTP型人完全有能力克制与收敛这一点，但他们讨厌别人把规则和规定强加给他们。他们以即兴创作和

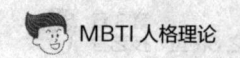

思维敏捷而闻名——如果他们不被允许使用这些品质，并且每件小事都必须与主管核对，他们会感到无聊和沮丧。

ESTP型人很清楚风险等于回报，他们很乐意避开更平凡的任务，转而做一些更令人兴奋的事情，希望能引起别人的注意。对于这种性格类型的人来说，头衔和奖金大有帮助。凭借沉稳的可靠性、安静的助人行为或仅仅是资历取得成功并不是ESTP型人的方式——他们在得当地处理危机时依靠纯粹的个性力量前进。

3. 身为同事

作为同事，ESTP型人有一种努力工作、努力玩耍的心态——只要其他人都在努力，他们就会很乐意自己努力，并且玩得很开心。他们是迷人且受欢迎的人，人际网络的形成对ESTP型人来说是自然而然的。这些品质使ESTP型人很容易与人相处。

同时，如果ESTP型人认为同事不称职，或者是更糟糕的懒惰，他们会毫不含糊地让同事知道。情绪敏感并不是他们的强项。但ESTP型人非常善于观察，并能很好地适应同事的习惯和情绪的变化。

4. 身为上司

管理职位是ESTP型人最适合的，因为这些职位通常能提供最大的灵活性。规则和传统对ESTP型人来说是个麻烦——他们宁愿尝试一堆新想法，有机会把事情做得更快或更好，而不是延续一直以来的做事方式。ESTP型人是务实的，专注于怎样最好地工作。

这可能会造成混乱，但ESTP型人鼓舞人心的个性使他们非常适合处理这样的事情。ESTP型人喜欢活在当下。与"让客户满意"这样宽泛、抽象的目标不同，ESTP型人设定了小而清晰、可衡量和可实现的目标，让事情每天都按部就班，而且总是可以做好工作。ESTP型人一直盯着终点线，但他们是一步一步到达终点的。

ESFP型人格的职业道路和发展方向

ESFP型人被称为"表演者"，他们有一种独特的品质，使他们在某些职业中表现出色，而在其他职业中则相反。当他们在派对或音乐会上时，他们会展现出"派对人"的形象；当他们的朋友难过时，他们会以同情和同理心来应对；当发生危机时，ESFP型人也会适应形势而表现出合适的情绪强度。

几乎任何需要与他人合作的职业都非常适合ESFP型人，甚至这对于ESFP型人的快乐和成就是必不可少的。ESFP型人是天生的活动策划者、销售代表、旅行策划者和导游，因为他们会在自己和客户之间创造一种兴奋、刺激和新奇感。

偏好的职业领域：教育、社会服务、健康护理、娱乐业、商业等。

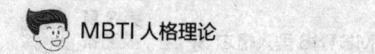

偏好的典型职业：早教专家、公关专业人士、劳工关系调解人、零售经理、商品规划师、促销员、团队培训人员、演员、社会工作者、牙医、兽医、融资者、旅游项目经营者、特别事件的协调人、旅游销售经理、运动设备销售员、保险代理人等。

那么，他们在工作中都有怎样的表现呢？

1. 作为下属

作为下属，ESFP型人热衷于变化和新想法，厌恶重复和严格定义的任务。他们可以集思广益，快速掌握新方法，并将这些方法付诸实践。不过，改变可能需要一些尝试，因为ESFP型人可能会在当下的热度中退去热情，并且可能会更加专注于寻求快速回报。

ESFP型人对事情是否有意义会给出诚实的反馈，但对他人对自己习惯的批评非常敏感。在受到攻击时，这种性格类型的人（尤其是暴躁的人）会变得防御性很强，很容易心烦意乱。但最后，如果他们认为批评是真诚的帮助而不是伤害，ESFP型人会牢记在心。处于从属地位的ESFP型人最大的烦恼是，他们更看重自由和独立，而不是安全和保障，如果他们的条件得不到满足，他们很可能会随时离开。

2. 作为同事

如果有人可以与同事交朋友，那就是ESFP型人。"表演者"的自发性、机智和热情是无与伦比的。他们善于利用他们强大的观察力和社交技巧将每个人聚集在一起。ESFP型人很少思考关于如何实现某一目标的问题,他们更乐意在工作场所内外组织活动。

3. 作为上司

作为管理者,ESFP型人尽其所能为需要完成的日常工作注入活力和乐趣。他们喜欢成为关注的焦点,更喜欢被需要和被欣赏。投入到最繁重的工作中并全身心地投入他们要求下属做的任何事情中,这是ESFP型人工作的一部分。权威和社会地位是次要的,他们不会感觉自己是完成工作的团队的重要组成部分。

无论ESFP型人在工作中所处的位置如何,他们都希望使环境尽可能友好和愉快。ESFP型人能够采取轻松的社交态度,让其他人参与到需要完成的实际任务中。只要他们知道目标是什么,那么在充满活力、忙碌的工作环境中几乎没有比他们更好的性格类型了。

ESFP型人善于留意他人的情绪,很少有人能比他们更好地避免冲突和鼓励轻松愉快的工作氛围,他们总是欢迎下属说出自己的想法。这种性格类型的人总是乐于倾听别人的意见,尤其是当有什么事情让他们心烦意乱时。ESFP型人与他人交往和独立思考的能力使他们成为足智多谋和鼓舞人心的领导者。

ESFP型人真正享受与他人共度时光并了解他们,并且即使在

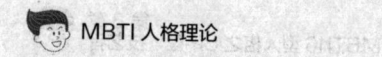

最令人沮丧的情况下，他们也有让人们开心的诀窍。一个好的挑战总是会受到ESFP型人的赞赏，他们会成为出色且鼓舞人心的顾问、社会工作者、私人教练，从而提高员工或客户的满意度。

当急需他们的帮助时，他们能够给出足智多谋和热情的反应。ESFP型人可以成为出色的医疗专业人员，尤其是急救员、护理人员和护士。他们能迅速获取有关他人的信息，帮助他们在处理病人或受伤人员时直奔问题的核心。

当然，不是所有ESFP型人都适合承担事关性命的工作，一些ESFP型人更喜欢通过创造美来让人快乐和兴奋。他们有着丰富的创造力，因此，他们中的很多人在音乐、时尚、摄影和室内设计方面颇有建树。ESFP型人拥有审美意识，以其风格而闻名。

需要注意的是，对于ESFP型人来说，抛开人际而专注于一些由数据驱动决策的工作是一种折磨和挑战。虽然一些人通过在下班后与朋友发泄情绪也可以做得很好，但在大多数情况下，技术写作或数据分析等职业并不适合他们。加上ESFP型人对时间表、结构和重复的厌恶，朝九晚五的行政工作很快就会被他们抛到"不"垃圾箱。

无论他们的激情在哪里，ESFP型人都需要自由、新奇，最重要的是人际交往。他们需要知道他们不仅受到赞赏，而且受到喜爱。当ESFP型人投入工作时，他们即使面对一些混乱，也能与一群有能力的朋友一起驾驭它。

第4章

MBTI16型人格之NT型：
思想家的摇篮

相信你对达尔文、牛顿、爱迪生、瓦特这些发明家、科学家一定不陌生吧！他们都是NT型人格的人，这类人有着天生的好奇心，喜欢梦想，有独创性、创造力、洞察力，有兴趣获得新知识，有极强的分析问题、解决问题的能力。他们是独立的、理性的、有能力的人。人们称NT是思想家、科学家的摇篮，大多数NT类型的人喜欢物理、研究、管理、电脑、法律、金融、工程等理论性和技术性强的工作。那么，他们有着怎样的性格特点，在生活、工作以及感情中又有怎样的表现呢？接下来，我们看看本章的内容。

INTJ型人格——建筑师

INTJ型人格又被称为"建筑师"型人格，是16型人格中的一种人格类型。其中I代表内向，N代表直觉，T代表思维，J代表判断。

"建筑师"型人格作为人数最少且战略能力最强的人格类型之一，仅占人口的2%，女性中则更为稀少，只有0.8%。这让他们很难找到志同道合、能够与其过人的智慧和审慎的思考方式比肩的同类。

在一群人中识别INTJ相对比较简单，毕竟INTJ们是人群中唯一一类无论何时何地都不戴面具的人。无论在什么年纪，他们都很清楚自己想要什么，并且这种想要的东西通常不足为外人道。他们初见时通常沉默寡言，只会针对自己真正想得到或者感兴趣的事物发表见解，他们讨厌没有效率的事物，本能上不能接受过于细枝末节和没有归类的混乱。他们也常常是坐在一旁默默观察的那个人，脸上天然写着"生人勿近"四个大字。

他们不喜欢闲聊，更讨厌卷入乱七八糟的人际旋涡，他们喜欢在独处的时候思考，似乎只有在万籁俱寂时才能听到最纯

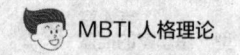

粹、最富有层次的音节。

他们日常冷漠，是因为他们知悉并害怕着他们怀揣的热情是勇攀高峰的热情，是毁天灭地的热情，也是为爱奔赴的热情。

接下来，我们可以列举出INTJ型人性格中的优缺点：

1. 优点

- 理性——INTJ型人为自己的思想感到自豪。对他们来说，几乎任何情况都能成为他们学习、扩展知识和训练自己理性思维的机会，他们甚至可以为最棘手的问题设计创造性的解决方案。

- 知情——在16型人格中，很少有人像INTJ型人那样致力于形成理性且建立在充足证据上的意见，他们很少或者几乎不依赖于直觉或主观假设，这让他们对自己的想法和意见很有自信，即使被人反对也是如此。

- 独立——对于这一人格类型，从众或多或少是平庸的代名词。富有创造力和自我激励的INTJ型人积极努力，他们喜欢按照自己的方式做事，对于他们来说，大概没有什么是比被规则或惯例阻碍成功更令人沮丧的了。

- 坚定——INTJ型人的个性是雄心勃勃且以目标为导向的。每当一个想法或追求激发了他们的想象力时，INTJ型人就会致力于掌握该主题并获得相关技能。他们往往对成功意味着什么有清晰的愿景，几乎没有什么可以阻止他们将这些愿景变为现实。

- 好奇——对于新想法，他们一般持开放态度，只要这些想法是合理且可行的。这一性格类型的人天生持怀疑态度，特别喜欢另类或相反的观点。但当事实证明他们是错误的时，他们也愿意改变自己的观点。

- 多才多艺——他们喜欢挑战各种事物，好奇心和决心会让他们在各种行业中获得成功。

2. 缺点

- 傲慢——他们固然知识渊博，但并不是样样皆知，在很多时候，他们过于自信甚至是自负。他们似乎根本看不见别人给出的有用的意见，尤其是他们认为那些智力不如自己的人给出的意见根本不值一提，而在试图证明自己时，他们会变得傲慢无比。

- 过于自信——INTJ型人讨厌盲目地跟随任何事情而不理解为什么，这包括限制和施加这些限制的权威人物。这种性格类型的人可能会陷入对无用的规则和规定的争论中——但有时这些争论会分散对更重要事务的注意力。

- 不屑一顾——对于INTJ型人来说，理性为王。对于任何看重感觉的人或事物，他们都会表现出不耐烦的情绪，然而，他们没认识到，忽视情绪本身就是一种偏见，这种偏见同样会影响他们的判断。

- 过于挑剔——这些人往往有很强的自我控制能力,尤其是在思想和感情方面。当别人不能像他们一样控制自己的情绪时,INTJ型人可能会严厉批评他们,而且这种批评是武断的、不公平的,不是建立在对人性的充分理解的基础上的。

- 不懂浪漫——INTJ型人的理性可以说达到了无情的地步,而这也导致了他们对浪漫关系感到沮丧,特别是在关系的早期阶段,他们可能很难理解正在发生的事情,也不知道如何表现。如果他们的关系由于他们不理解的原因而破裂,他们可能会变得愤世嫉俗,甚至质疑爱和关系的重要性。

根据这些优缺点,我们能轻而易举地推断出INTJ型人在人际关系中的表现。

1. 在亲密关系中

他们看重深度、智慧和纯粹的诚实。对他们来说,没有建立在这些价值观上的感情是不值得追求的。INTJ型人会以他们处理大多数挑战的方式来处理浪漫关系,即战略上有明确的目标和实现它们的计划。在一个纯粹理性的世界里,这种方法是万无一失的。然而,爱情很少是理性的,INTJ型人可能会忽视或误解人性和情感的不可预测性。

对于这种性格类型的人来说,找到一个合适的伴侣可能是一个特别大的挑战。INTJ型人很少满足于事物的现状,他们会情不自禁地想象世界可以变得比现在更好。所以,他们经常把同样的心态带到爱情的领域。不幸的是，如果INTJ型人对每一个潜在的恋爱对象都进行苛刻的批评，他们永远得不到满意的结果。不过，反过来看，INTJ型人的诚实和拒绝游戏的态度，在浪漫关系中也许是一股清流。

INTJ型人不擅长传统的浪漫表达，比如送花或写伤感的纸条。大多数INTJ型人花更多的时间思考爱，而不是表达爱。因此，学会如何爱和表达爱，对于INTJ型人来说也许是一个挑战。

2. 在社交关系中

在社交中，INTJ型人讨厌规则，也不喜欢将时间浪费在无聊的人际关系维护上。他们寻找聪明、诚实和追求上进的朋友。对任何未达到此标准的人，他们都可能会感到无聊或烦躁。幸运的是，任何具有这些品质的人也可能会欣赏INTJ型人。

3. 在亲子关系中

在亲子关系中，孩子是无法理解INTJ型人父母的理性和自制力的，所以，对于INTJ型人来说，为人父母并不容易，庆幸的是他们乐于接受这样的挑战。

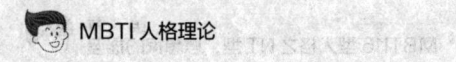

INTP型人格——逻辑学家

INTP型人又称"逻辑学家",是16型人格中的一种人格类型。其中I代表内向,N代表直觉,T代表思维,P代表感知。在16种人格类型中,他们是最理性的。

只有3%的人口为"逻辑学家"型人格,极为罕见,尽管如此,他们也并不以为意,因为他们根本不屑与"平庸"为伍。他们展现出积极主动的创造性、异于常人的视角以及永不枯竭的智慧,这都令他们深感自豪。

人们常常将INTP型人称为"哲学家""思考者",或是"爱空想的教授",在历史的长河中,许多科学发现就是他们的智慧之花结出的丰硕果实。

INTP型人随和而注重隐私,丰富多彩的内心世界让他们不断涌现出各种想法。

他们的天赋之一就是能够透彻地分析复杂的问题。同时,他们不喜欢死板的规则。

INTP型人是足智多谋、有独立见解的思考者;他们善于提出各种聪明绝顶的理论和无懈可击的逻辑;他们重视才智;他们的思维过程从未停息,头脑中总是不断冒出各种想法;他们的思考方式极其复杂,能很好地组织概念和想法;他们灵活易变、思维开阔,更感兴趣的是发现有创意的解决方法,而不是仅仅看到眼前现成的解决方式。他们努力寻找和利用原则以理解许多想法。他们喜欢有条理的交谈，而且可能会仅仅为了高兴而争论一些无益而琐碎的问题。

我们可以总结出INTP型人的优缺点：

1. 优点

● 分析——对于他们遇到的一切，他们都喜欢分析，无论是数据还是周围人的行为，都会被列入他们研究的范围，这让他们有能力发现别人可能忽略的意想不到的联系。

● 探索欲强——这些人总是在寻找新的追求、爱好和研究领域。这个星期，他们可能会沉迷于地球物理学，而下一个星期，他们可能会沉浸在有关吉他制作的视频中。当灵感来袭时，INTP型人会全力以赴，尽其所能地学习一切。

● 非凡的创新——多亏了他们强大的想象力，INTP型人可以想出大多数人不会想到的创造性的、违反直觉的想法。当然，并非所有这些想法都是可行的，但INTP型人愿意跳出框框思考，并产生非凡的创新。

● 思想开放——INTP型人被好奇心和强烈的学习欲望所驱动。这种性格类型的人倾向于接受新的想法和做事方式，只要这些想法得到合理论证的支持。

● 客观——INTP型人关心真相。他们不想在意识形态中得到安慰，而是想了解事物表面下的真实情况。因此，可以依靠

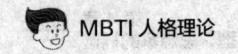

他们来对抗偏见和错误信息，即使这样做并不容易——而且他们希望其他人对他们的诚实做出回报。

2. 缺点

● 完美主义——INTP型人想要把事情做好，但他们对完美的追求可能会妨碍他们。有时，这些人可能会在分析各种选择时迷失方向，以至于他们永远无法做出决定。他们也可能会放弃与他们心目中的理想愿景不符的项目。

● 无法融入社会团体——INTP型人可能会迷失在自己的思路中，即使他们和其他人在一起。当INTP型人最终从他们的思索中出来并准备继续对话时，他们可能会发现没有他们的谈话已经进行了很久。这会使他们感到与其他人脱节，尤其是在大型社交聚会中。

● 麻木不仁——这种性格类型的人认为理性是通往更美好、更幸福世界的关键。有时，他们可能会低估情感、同情心、礼仪和传统等非理性价值观的重要性。最终，即使他们的意图通常是好的，他们也可能无意中给人以麻木不仁或不友善的印象。

● 不满意——INTP型人不禁想象事情会比现在更好，因而一直在寻找要解决的问题、要学习的主题和处理事物的新方法。INTP型人不断地试图发现新事物，而不是稳妥地解决他们的需求和责任。

第4章 MBTI16型人格之NT型：思想家的摇篮

● 不耐烦——INTP型人最享受的就是分享他们的知识和想法，然而，当需要解释理由时，他们有时候也会缺乏耐心。如果他们的谈话伙伴没有跟上或似乎没有足够的兴趣，INTP型人可能会不屑一顾地放弃对话。

为此，我们大致能推断出INTP型人在生活和亲密关系中的表现：

1. 在亲密关系中

根据某MBTI人格网站数据，只有29%的INTP人格认为"当我坠入爱河时，整体上感觉更放松和冷静"，这比任何其他性格类型的人都要少。

INTP型人进入一段关系是缓慢的，但他们抽离关系的速度也一样，在"分手后最不可能尽快开始一段新恋情"的人格类型排名中，INTP排第二（仅次于INTJ）。

INTP型人是独立和聪明的合作伙伴。他们喜欢智力上的交流，想要一个能与他们批判性思考能力相当的聪明伴侣。

INTP型人不同寻常的特质组合常常给他们的伴侣带来惊喜。具有这种性格类型的人可能看起来很理智和矜持，但一旦他们放松警惕，他们也会有俏皮可爱的一面。在恋爱的关系中，INTP型人可以利用他们的聪明才智来保持新鲜感，并想出特别的方法来让他们的伴侣感到惊喜。不过，他们很少对传统感兴趣，相反，他们更喜欢设计一种有意义的生活方式——即使在其他人看来这是非常不合常规的。

他们喜欢独处，但同时也渴望有人陪伴。从恋爱开始，他们就会认真对待这段关系，约会时，他们也会异常直接和诚实，随着关系的发展，INTP型人的日常需求会趋于简单。因此，他们可能会忽视一段关系中的常规仪式——送鲜花、表达惊喜、告白等。

2. 在人际关系中

和其他人一样，INTP型人也向他们的朋友寻求陪伴和支持。但这种性格类型的人也重视思想深度，因此，不是每个人都会达到INTP型人对朋友的潜在要求。

3. 在亲子关系中

在亲子关系中，INTP型人认为要尊重孩子的独立性，他们鼓励孩子的好奇心，给他们获取知识和扩展视野的自由。然而，很多时候，他们也会对孩子凌乱、非理性、不断变化但完全自然的情绪感到困惑。毕竟，孩子们还没有发展出INTP型人认为理所当然的那种能动性和逻辑。

尽管如此，为人父母对于INTP型人来说还是非常有意义的。凭借好奇心和对学习的热爱，这种性格类型的父母可以在教孩子认识世界时找到极大的乐趣。

对于外界给出的各种育儿建议，他们也不会照单全收，因为他们不喜欢控制他人，包括自己的孩子。

ENTJ型人格——指挥官

　　ENTJ型人格又称为"指挥官"型人格，是16型人格中的一种人格类型。其中E代表外向，N代表直觉，T代表思维，J代表判断。大约只有3%的人口属于这种人格类型。有人说，"征服世界"是大多数ENTJ的待办事项。

　　ENTJ型人是天生的领导者。这种人格类型的人天生具有魅力和信心，他们的权威能召集大家为着一个共同目标努力。他们有着近乎残酷的理性，并能以强大的动力、坚定的决心实现既定目标。

　　ENTJ型人对待人际关系就像对待事业和工作项目一样认真。因为ENTJ们具有很强的个人魅力和自信，所以他们会主动寻找伴侣，并努力巩固关系。

　　ENTJ型人最热爱的大概就是挑战了，无论挑战大小，他们都坚定地相信，只要有足够的时间和资源，就没有无法达成的目标。正是因为拥有这一品质，他们总是能按部就班地执行自己的计划，一步步达成自己的目标，进而成为睿智的企业家。

　　他们富有野心，在一些场合，比如谈判桌上，他们占据了绝对的主导地位，这并不是因为他们冷酷无情，而是因为他们本身就喜欢挑战，在这样富有挑战性的环境下表露出来的智慧能让他们倍感自豪。

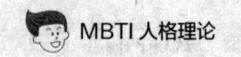

这样看来，我们能总结出他们的优缺点：

1. 优点

● 高效——ENTJ型人格不仅将低效率视为一个问题，而且认为低效率会将时间和精力从他们所有的未来目标中抽走，是一种由非理性和懒惰组成的精致陷阱。ENTJ型人无论走到哪里都会杜绝这种行为。

● 精力充沛——ENTJ型人不会感到精疲力尽，而是真正享受在执行计划和目标时带领团队前进的乐趣。

● 自信——如果ENTJ型人被自我怀疑所困扰，他们就无法做到这一点——他们相信自己的能力，善于表达自己的意见，并相信自己作为领导者的能力。

● 意志坚强——当情况变得艰难时，他们也不会放弃。他们会努力实现目标，实际上，没有什么比在奔向终点线的过程中迎接每一个障碍或挑战更让他们满意的了。

● 战略思想家——ENTJ型人体现了仓皇应对危机与为实现更大计划而迎接过程中的各个挑战之间的区别，他们以检查问题的每个细节而闻名。他们不会局限于解决暂时的问题，而是希望推动整个项目向前发展。

● 魅力和鼓舞人心——这些品质相结合造就了ENTJ型人激励他人的能力，在他们的带动之下，每个人都能真正地自我引领，这反过来又帮助ENTJ型人完成他们通常无法单独完成的雄心勃勃的目标。

2. 缺点

● 固执和霸道——有时所有这些信心和意志力都可能太过头了，ENTJ型人试图赢得每一场辩论并推动他们的愿景，而这些愿景通常只是他们一个人的。

● 不宽容——"顺我者昌，逆我者亡。"众所周知，"指挥官"性格类型的人反对任何偏离他们主要目标的想法，更不理解感性的想法。指挥官们会毫不犹豫地向周围的人说明这一事实。

● 不耐烦——有些人比其他人需要更多的思考时间，这对于思维敏捷的ENTJ型人来说是无法忍受的延迟。他们可能会将沉思误解为愚蠢或不感兴趣，这是ENTJ型人所犯的可怕错误。

● 傲慢——ENTJ型人尊重敏捷的想法和坚定的信念，尊重自己的品质，看不起那些与其价值观不匹配的人。这种性格对大多数其他性格类型的人来说是一个挑战，他们本身可能并不胆小，只是在霸道的"指挥官"旁边显得如此。

● 情绪处理不当——一味坚持理性主义，使ENTJ型人远离自己的情绪表达，有时甚至完全蔑视他人。这种性格类型的人经常忽视他人的感情，不经意间伤害他们的伴侣和朋友，尤其是在情绪激动的情况下。

● 冷酷无情——他们对效率的痴迷和对理性主义优点的坚

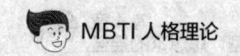

定信念——尤其是在专业领域——使得ENTJ型人在追求自己的目标时极其麻木不仁，并将个人情况、敏感性和偏好视为不合理和无关紧要的。

根据这些优缺点，我们也能大致判断出他们在其他方面的一些表现：

1. 在亲密关系中

他们将恋爱当成一项严肃的事情，并且在一开始就会带着目标和规划进行。

这种负责任的态度意味着ENTJ型人在他们的关系中投入了大量精力，他们总是通过一些新的东西来让事情变得有趣，以此展示他们的创造力，尤其是在约会阶段。但与此同时，ENTJ型人也着眼于长远，如果他们发现一段关系正逐步走向衰亡，他们会及时止损，但在他们的伴侣看来，一切太过突然。

因此，看似冷酷无情的ENTJ型人在情感关系中的名声似乎不太好。学会有意识且合理地表达自己的情绪以及感知他人的情绪对于ENTJ型人来说非常重要，否则一段关系会很快面临危机。

2. 在社交关系中

ENTJ型人最尊重的就是那些能与自己一较高下的人，但他们并不擅长表达自己的情绪，对于ENTJ型人来说，表露情绪就是在展示自己的弱点，但也正因为不擅长隐藏，他们的情绪能被他人直接感知。尤其是在某些环境中，ENTJ型人动辄会粉碎一些人敏感的神经,在他们眼里,这些人效率低下,资质平庸或者浑浑噩噩。

3. 在亲子关系中

作为父母,大多数ENTJ型人需要改变他们性格强硬、只讲逻辑的生活态度,以便为孩子的需求和感受腾出空间。这绝不意味着ENTJ型人是坏父母,只是在与孩子的关系中,他们通常要更敏感,ENTJ型人不能只进行理性分析,需要更多的情感交流。

ENTJ型人总是勇于接受挑战,他们会认真对待自己作为父母的角色。他们将自己置于比大多数人更高的标准之下,也将孩子的成功视为这些个人标准的反映,因此希望看到孩子成长为努力实现目标的聪明、独立的人。对于ENTJ型人来说,建立特定的道德价值观不如培养独立、理性的思想重要。

当然,他们能接受孩子与自己产生意见分歧,但最终他们也希望孩子能尊重自己的权威,他们在维系父母尊严方面是不进行任何妥协的,而这是他们与孩子之间关系紧张的重要原因之一。

因此,在亲子关系中,ENTJ型人最好具备一些灵活性,这样才能减少与孩子的情感冲突,建立信任与良好的沟通渠道。

ENTP型人格——辩论家

ENTP型也被称为"辩论家"人格。其中，E代表外向，N代表直觉，T代表思维，P代表感知。这种性格类型的人通常被描述为善于创新、聪明和富有表现力，大约占人口的2%到5%。

ENTP型人以叛逆著称。对于这种性格类型的人来说，没有什么信仰是神圣不可置疑的，没有什么理念是根本不可审视的，没有什么规则是重要到不可打破，或者不能被彻底检验的。对他们来说，辩论是日常生活中的一部分。有时，ENTP型人甚至通过论证相反的观点来验证自己的信仰——只是为了从另一个角度看世界是什么样子。他们喜欢另辟蹊径，善于在非常规的思维方式中训练思维，能改善现有系统，打破成规，发现新出路。

ENTP型人也以富有创新性而闻名，这就是为什么这种性格类型也被描述为"创新者""梦想家"和"探索者"。然而，作为感知者，他们对此时此刻的细节不太感兴趣，而是对产生想法和理论更感兴趣。

为此，我们可以总结出ENTP型人性格中的优缺点：

1. 优点

● 知识渊博——ENTP型人很少放弃学习新事物的好机会，尤其是抽象概念。这些信息通常不会被用于任何有计划的目的，就像"专心学习"——ENTP型人只会觉得它很吸引人。

● 思维敏捷——ENTP型人的头脑非常灵活,能够毫不费力地从一个想法转换到另一个想法,利用他们积累的知识来证明他们认为合适的观点。

● 创造力——ENTP型人对传统没有多少依恋,能够摒弃现有的系统和方法,并从他们广泛的知识库中搜索不同的想法,用创造力将它们结合在一起,形成大胆的新想法。如果遇到长期的、系统性的问题,ENTP型人会试图控制并且解决这些问题。

● 优秀的头脑风暴者——对于ENTP型人来说,没有什么能比从各个角度分析问题以找到最佳解决方案更令人愉快的了。他们能结合自己的知识储备和独创性提出更多的可能性,在头脑风暴会议中是不可替代的存在。

● 魅力——ENTP型人语言风趣且机智。他们的自信、敏捷的思维以及以新颖的方式将不同的想法联系起来的能力创造了一种迷人、有趣且信息丰富的交流方式。

● 精力充沛——当有机会结合一些特征来研究一个有趣的问题时,ENTP型人的热情和精力确实令人印象深刻,他们会毫不犹豫地投入漫长的日日夜夜来寻找解决方案。

2. 缺点

● 容易引发争议——ENTP型人喜欢在辩论一个想法时进行

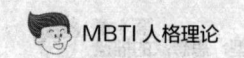

的心理上的锻炼，然而更多以共识为导向的人格类型很难欣赏ENTP型人破坏他们信仰的方法以及活力，从而会导致局势很紧张。

● 麻木不仁——ENTP型人如此理性，经常误判他人的感受，并超出他人的容忍限度。这种性格类型的人也不会真正认为情绪在辩论中是有效的，这极大地加剧了冲突。

● 不宽容——除非人们能够在一轮辩论中论证他们的想法，否则ENTP型人可能不仅会忽略这些想法，还会忽略一起讨论的人。在ENTP型人眼中，一个建议要么经得起理性审查，要么不值一提。

● 难以集中注意力——思维的灵活性使ENTP型人能够提出最初的计划和想法，也使他们经常能重新适应非常好的计划和想法，但也会使他们在最初的兴奋消退之后或新想法出现时半途而废。对ENTP型人来说，无聊来得太容易了，新鲜的想法才是解决他们跳跃思维的方案——尽管不一定有用。

● 不喜欢实际问题——ENTP型人对可延展的概念感兴趣，如可以带来辩论的想法和计划。当谈到硬性细节和日常执行时，创造性天赋不仅不必要，而且实际上会适得其反。ENTP型人通常会对实际问题失去兴趣，因此结果往往是他们的计划从未实施过。

根据这些优缺点，我们也能发现，他们有时倾向于想出一个接一个的想法,而不会真正地实施计划和行动,将他们的创意变为现实。对许多ENTP型人来说,人生最大的挑战之一就是将他们广泛的知识能量转化为对现实世界的成就和贡献。

虽然ENTP型人喜欢头脑风暴,但他们往往避免在执行自己的想法时做繁重的工作。在某种程度上,这是有原因的,辩论者有太多的想法和建议,以至于无法将它们一一记录下来,更不用说将它们变成现实。除非ENTP型人愿意确定并真正落实他们的优先事项,否则他们可能很难充分发挥自己的潜力。

根据以上的总结,我们也能大致判断出ENTP型人在生活和情感中的表现:

1. 在亲密关系中

在恋爱关系中,他们希望另一半能和自己一起体验新事物、共同成长,所以,和他们在一起,绝对不会感到无聊。他们会利用自己的热情和创造力,用新的想法和体验取悦他们的伴侣。

然而,这也是他们在情感中的缺点——情感淡漠。他们努力追求身体和智力发展的过程,而不是精神或情感的表达,这很容易在无意识中伤害伴侣的感情,他们可能完全忽略伴侣的感受,完全沉浸在一些遥不可及的想法或计划中。

2. 在社交关系中

ENTP型人被认为是外向的人,所以他们有很好的人际交往

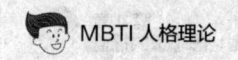

能力也就不足为奇了。他们善于沟通，喜欢与家人、朋友和熟人进行交流。

在谈话中，别人经常发现他们反应敏捷，他们经常参与辩论，只是因为他们喜欢进行一场智慧的较量。有时，ENTP型人对辩论的热爱导致与他人的冲突，让他人觉得他们是好斗和敌对的。

3. 在亲子关系中

人们可能会认为ENTP型人冲动和多变的天性会使养育子女成为一项特殊的挑战。然而，ENTP型人最喜欢的就是面对有难度的挑战、需要解决的问题，即便涉及的是他们性格中的弱点。ENTP型人会认真对待自己作为父母的角色，并且他们在生活中必然会受到深刻影响——如果有人能够最大程度接受孩子带来的外部影响，并利用这种影响来纠正自己的错误，那就是ENTP型人。

INTJ型人格的职业道路和发展方向

在16型人格中，INTJ型人格的人占比最少，他们通常有较强的思维逻辑，做事情喜爱依照计划开展，不太喜欢被他人打搅。他们对自身要求严苛，期待可以变成一个出色的人，而且会为了更好地实现这一目标而勤奋努力。他们精益求精,一直追求完美,却经常由于过度严苛而丧失许多机遇。

在工作中,INTJ型人很少对感觉轻松或舒适的工作感到满意。他们想要一个能激发他们的好奇心并发挥他们的才智的职业,让他们在应对有意义的挑战和问题时提升自己的能力。如果一份工作的描述让普通人觉得很难,那么它可能非常适合INTJ型人。

这样看来,他们可能更适合这样一些领域:商业、金融、技术、教育、健康保障、医药及其他专业性、创造性职业领域。

他们偏好的典型职业有:知识产权律师、管理顾问、经济学者、国际银行业务职员、证券投资和金融分析专家、设计工程师、程序员、科学家、技术专家、财务专家、建筑师信息系统开发商、综合网络专业人员等。

事实上,INTJ型人可以将他们的优势应用到几乎任何角色上。例如,在零售业中,他们永不满足的好奇心可能会驱使他们调查是什么让一个店面展示比另一个效果更好。

在工作场所,INTJ型人通常以能力和效率闻名。

从业之初,需要从最基础的工作做起可能让INTJ型人感到沮丧,因为他们每天都要应付那些简单且重复的工作。他们本身有很多开创性的想法,但因为他们不屑于维系人际关系,更不愿意遵循职场守则,因此很难获得老板和同事的青睐。

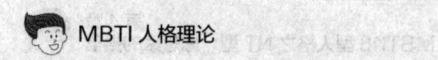

不过，值得高兴的是，随着时间的推进，许多INTJ型人能够将他们的能力发展到一个非常高的水平，以至于它不能被忽视。即使周围的每个人都成为集体思维的牺牲品，这种性格类型的人也可以消除噪声，找出问题的真正原因，然后解决问题。只要他们不疏远他们的同事，INTJ型人就可以在他们的职业生涯中取得进步并获得他们需要的影响力来实现他们的想法。

一些工作可能需要团队协调才能完成，但INTJ型人往往更愿意做只需要自己独立完成的工作，这样他们才可以充分发挥自己的创造力，而不会受到好奇的同事或事后怀疑的主管的不断打扰。INTJ型人确实相信，如果他们想把事情做好，他们最好自己做。

对于依赖人际关系取得功绩的人，INTJ型人不但瞧不起，还会通过自己的聪明才智，将此人"拉下神坛"。

INTJ型人想要的——无论他们处于职业生涯的哪个阶段——是根据自己的标准追求自己的职业目标。如果有人对自己有很高的标准，那几乎肯定是INTJ型人。

从理论上讲，这种态度造就了模范员工和同事，但有些人可能会发现与INTJ型人合作是一项挑战。INTJ型人可能对他们不尊重的人严厉或不屑一顾——不幸的是，失去他们的尊重太容易了。特别是，他们几乎没有时间与那些将便利置于创新之上或将社交置于成功之上的同事相处。

那么，他们在具体的工作中会有怎样的表现呢？

1. 身为下属

INTJ型人以其独立性而闻名。即使是在入门级工作中，他们也可能会激怒任何试图限制他们自由的人。他们最厌恶老板无休止地开会，占用他们的工作时间，并根据个人喜好而不是他们的现实表现来评估员工。

头衔对INTJ型人来说意义不大，而且他们常常难以顺从他们不尊重的经理。他们可能还会发现很难克制自己向老板提供反馈和批评。

在现实世界中，并非所有老板都会像INTJ型人所希望的那样合乎逻辑或思想开明。INTJ型人可能需要利用他们所有的创造力和独创性来扩展他们的责任和发展他们的专业知识。要做到这一点，他们可能需要优先考虑与他们的老板或上司建立一种富有成效和尊重的关系。

2. 身为同事

很少有INTJ型人会选择需要持续团队合作或社交互动的工作。对于这些人来说，大多数团队建设技巧和小组会议都是浪费时间。还有闲聊、八卦和潜规则，这些在INTJ型人眼中简直就是职场瘟疫。

许多INTJ型人宁愿独自工作，也不愿被没有他们专注的人拖慢脚步。幸运的是，他们的完美主义和决心常常使他们即使在没有他人帮助的情况下也能产出有效的结果。

这并不是说INTJ型人不能与他人合作——事实上，他们可以通过这种方式取得一些极大的成功。他们的能力和可靠性可以使他们成为优秀的合作者。这种性格类型的人可能永远不会喜欢与那些纠结错误细节或无法赢得他们尊重的同事合作。但在一小群值得信赖的同事的陪伴下，INTJ型人的头脑风暴会议可能会变得更加生动。

3. 身为上司

尽管人们可能会感到惊讶，但INTJ型人可以成为伟大的领导者。在工作场所，他们很少证明自己的权威。相反，他们喜欢寻找促进创新和有效性的方法，即使这会打破既定的等级制度。一些上司或老板可能喜欢被迎合，但INTJ型人更愿意获得成功。

一般来说，INTJ型人更愿意平等地对待员工。他们的目标不是事无巨细的管理，而是适当放权，让其他人处理。然而，这并不是说他们完全不干涉。INTJ型老板想确切地知道发生了什么以及什么时候发生，他们总是准备好钻研任何必要的细节。

这种领导者尊重并奖励积极主动的行为，将任务委托给具有最强批判性思维能力的员工。难以指导自己——只想被告知该做什么——的员工，可能很难达到INTJ型人的标准。INTJ型人对任何试图用奉承或借口来掩盖糟糕结果的人都可能会感到失望。

INTP型人格的职业道路和发展方向

在16型人格中，INTP型人是不寻常的人，他们思想古怪，对世界有自己独特的看法。思想自由且古怪的INTP型人可能很难找到真正适合他们的工作和职业道路。

但只要有一点独创性，INTP型人就可以找到充分利用他们优势的工作——包括创造力、对想法的热情和创新精神。因此，"逻辑学家"只需稍加努力，就能找到在广泛领域中脱颖而出的方法。

对于INTP型人而言，最好能避开偏社交领域、管理领域、按部就班类型（如公务员）、重复性劳动类型的职业。INTP型人普遍谨慎、内向、理性，厌恶被情绪环境所干扰，逻辑链条清晰，不爱按计划行事，独创力超群。

因此，INTP型人适合的职业领域有以下几种：

学者：如数学、物理、医药、信息科学、哲学、大数据等领域的研究者和工作者。

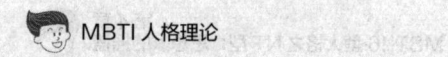

分析师：如商业分析师、咨询分析师、数据分析师、评论家、律师等。

创造性工作者：如设计师、作家、导演、建筑师等。

虽然INTP型人的群体普遍厌恶烦琐的层级关系环境、死板计划型工作以及曝光关注度过高的环境，但是，在这个数据为王的时代，最适合INTP型人去展现自己。

总体来说，"推理"与"创造"是他们的代名词，他们是隐于群像的深度思考者，是打破桎梏的灵感创造家。

INTP型人渴望探索，但不是以任何传统的方式。他们发现自己被理论和思想领域所吸引，渴望深入日常生活的表面并研究宇宙的奥秘。

对于INTP型人来说，理想的工作日常包括解决困难和看似无法解决的问题——无论是以管理宠物店，还是以对平行宇宙理论化的形式。

凭借他们好奇的精神，INTP型人可以在可能让其他人格类型眼花缭乱的概念中发现美。INTP型人在数学家、分析师、研究人员和科学家中占有重要地位，特别是在更抽象的领域，如物理学。工程和技术方面的工作也比较合适，特别是如果他们有发挥创造力的空间——INTP型人更愿意开拓新的方法，而不是把时间花在完成别人的工作安排上。

也就是说，INTP型人不必将自己局限于技术领域。他们在分析和研究方面的才能在几乎任何工作中都是无价的——即使在看似不太需要这些才能的职业中，INTP型人也可以灵活地发光。任何能让这些人发明或尝试新流程的工作——从教学到管理再到商品销售——都可以给他们带来无尽的满足感。

这样分析下来，我们便能大致总结出他们在工作中的表现：

1. 工作习惯

对INTP型人来说，工作场所满意度的要素相当简单。这种性格类型的人崇尚智力上的刺激、追求想法的自由以及解决具有挑战性的难题的机会。如果他们能够以最少的社会义务和简单的行政任务来满足这些需求，那就更好了。

尽管一些INTP型人可能会嘲笑"合作"这个概念，但他们通常会与其他人合作完成最佳工作。这些人往往生活在他们的脑海中，比INTP型人更快地提出想法和见解。当上司或同事强迫他们放慢速度并弄清楚如何实施他们的想法时，INTP型人可能会感到恼火，但从长远来看，这可能有助于INTP型人成功。

2. 身为下属

在适当的条件下，INTP型员工具有创新精神且足智多谋，可以轻松地解决摆在他们面前的任何复杂问题。但在限制他们独立性或强迫他们做繁重的工作的环境中，这些人可能会很快失去动力。

INTP型人经常倾向于拖延那些看似无聊或低于他们能力的

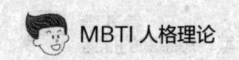

任务，但在他们完成这些任务之前，他们的老板可能不会给予他们渴望的自由。尽管INTP型人希望他们可以直接跳到有趣的任务阶段，但他们需要首先向他们的上司证明自己。

不过INTP型人在工作阶梯底部的时间实际上可以帮助他们建立新的技能和习惯，从而帮助他们日后取得成功。这种性格类型的人有很多优点，但完成项目往往不是其中之一。初入职场，INTP型人可能会对他们遇到的监督和限制感到恼火——其实他们可以利用额外的责任和结构来发挥自己的优势，学习如何更有效地将他们的想法变为现实。

3. 身为同事

有时，INTP型人可能不会将他们的同事视为一群需要社交和一起工作的人，而是将其视为一系列潜在的干扰，即使他们有时会提供有用的知识。这并不是说这种性格类型的人从不喜欢同事的陪伴，但至少在饮水机旁的闲聊不会成为INTP型人早上早起的原因。

大多数INTP型人可以从他们的同事那里获得可能比他们意识到的更多的好处。通过与挑战他们的人在一起，可以确保他们实际上在做最好的工作。尽管INTP型人并不完全是社交达人，但他们经常发现，当他们有机会向他们尊重的同事提出自己的想法时，工作日会过得更快。

虽然这种性格类型的人可能会说他们喜欢专注，但他们也暗地里渴望多样性。建立了积极关系的INTP更有可能被要求为新项目贡献他们的想法和专业知识。如果他们想在工作场所中发生的最有趣的新事物中保持领先，INTP型人最好将自己定义为乐于助人的合作者，而不是孤狼。

4. 身为上司

INTP型人通常不关心权力，但他们经常享受管理职位。当他们作为负责人时，这种性格类型的人可以委派那些让他们眼花缭乱的行政任务，以便于自己专注于好的事情：提出新的想法。

作为管理者，INTP型人倾向于宽容和灵活。他们对建议持开放态度（当然，只要这些建议合乎逻辑），并且他们允许员工有相当大的自由度。但是这种自由是有代价的——INTP型人有很高的标准，他们希望其他人能够跟上自己的思维，并同样才思敏捷。

这种性格类型的老板可能以苛刻而闻名。他们很快就会发现员工在不同工作中的差异，并且会毫不委婉地给予负面反馈。但随着经验的积累，INTP型人管理员工时会发现，平衡批评与表扬可以让他们的团队获得更高的士气，并获得更好的结果。

ENTJ型人格的职业道路和发展方向

前面，我们已经分析过ENTJ型人格的个性特征，他们往往是认真负责的人，喜欢有序的组织。在职业生涯中，ENTJ型人的胆识和干劲往往能够发挥到最佳状态。没有其他性格类型的人比ENTJ型更适合成为组织或团队中受人尊敬的领导者，也没有其他性格类型的人能像ENTJ型一样享受成为领导。结合他们的远见、智慧和决心，无论遇到什么障碍，他们都能将想法付诸实践，因此，在工作中ENTJ型人是一支不可忽视的力量。

ENTJ型人被描述为天生的领导者，在伊莎贝尔·布里格斯·迈尔斯的《不同的礼物》一书中，有这样一段关于ENTJ型人的描述："ENTJ很少满足于不需要直觉的工作。他们需要解决问题，并且可能是寻找新解决方案的专家。"

对于ENTJ型人来说，失败不在选择范围内——他们构想了未来的愿景，制订了实现这一愿景的战略，并严格且精确地执行每一步。

结构和秩序是关键，如果有人马虎，或者因无能、懒惰和低效率而拖后腿，ENTJ型人会毫不犹豫地狠狠斥责。ENTJ型人的个性就是以独特的眼光追求他们的目标，并对自己和他人有严格的标准，这些标准的设计高于一切，以确保有效。这使ENTJ型人能够成为优秀的企业战略家，他们客观、清晰的思想使他们更容易成为受人尊敬的律师和法官。

但如果没有人能理解ENTJ型人的想法，那么这一切都不会奏效。他们是清晰简洁的沟通者，尤其是亲自沟通，从而让企业管理成为一种舒适的选择——只要他们的任务没有太离谱。ENTJ型人也有求知欲，将这一点与他们的领导能力相结合，使ENTJ型人也可以尝试大学教授的职位。

这样，他们适合和不适合什么工作就很明显了。

1. 适合的工作

法律：ENTJ型人往往喜欢秩序和规则，因此可能适合法律行业。他们可能会成为优秀的律师或法官。

财务：ENTJ型人喜欢数据和细节，因此可能适合财务行业。他们可能成为优秀的财务分析师或会计师。

行政：ENTJ型人喜欢秩序和组织，因此可能适合行政岗位。他们可能会成为优秀的管理人员或行政助理。

2. 不适合的工作

艺术：ENTJ型人缺乏创造力且对艺术不感兴趣，因此可能不适合艺术行业。

公关、市场营销：ENTJ型人可能不太愿意接受未知或冒险，因此可能不适合公关行业和市场营销行业。

另外，在工作中，不同身份的ENTJ型人表现也有所不同：

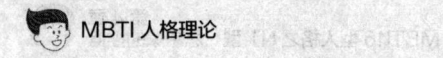

1. 身为下属

下属岗位对ENTJ型人来说具有挑战性，ENTJ型人需要积极调整才能确保他们的满意度和参与度。想要成为高成就者，ENTJ型下属会学习新技能，寻找新的挑战和责任，渴望通过一点点努力来证明没有什么是不可能的。如果事情进程缓慢，ENTJ型人可能会心不在焉，但是当他们觉得自己参与了他们周围的项目时，他们会证明他们组织得很好，并且考虑得当。

ENTJ型人对自己的要求很高，但形成这种基调的很多因素是环境的反馈——即来自上司的批评。客观、理性地陈述哪些事情做得对、哪些事情可以做得更好，这对ENTJ型人很有帮助，他们对这种批评非但没有反感，反而很认可并愿意接受。成长机会使ENTJ型人能够保持投入和生产力，只要他们的上司认识到这点，这将是一种富有成果和令人满意的关系。

2. 身为同事

在同事中，ENTJ型人善于交际，非常喜欢在频繁的头脑风暴会议中分享想法和建议。作为天生的领导者，ENTJ型人倾向于将自己定位为代表和项目负责人，客观和魅力是ENTJ型人的优势。ENTJ型人喜欢与能力水平相当的人一起工作，他们看不上能力较差或缺乏动力的人。

ENTJ型人意志坚强，具有统治力，虽然他们喜欢激励和指导他人，但他们为这个过程带来的能量似乎很霸道。ENTJ型人的上级应该记住，他们的下级非常理性并尊重坚定的信心——纠缠、过多的情感诉求或优柔寡断很可能会在当下就毁掉沟通的桥梁。在伙伴关系中，最好的就是最有效的，浪费时间的"糖衣炮弹"在ENTJ型人这里并没有什么作用。

3. 身为上司

ENTJ型上司是自信的、有魅力的沟通者，他们的沟通只有一个愿景：尽可能高效地完成工作，并达到最高的质量标准。ENTJ型人是天生的领导者，他们有能力制订战略并确定团队中每个成员的优势，将这些能力纳入他们的计划中，以便每个人都扮演独特而重要的角色，这使他们成为能干的激励者。

但是，尽管这些努力有助于提高下属的士气和满意度，但他们仍然是为了实现按时并出色完成工作的最终目标。那些被ENTJ型上司认为效率低下、懒惰或工作质量差的人一定不会给ENTJ型上司留下深刻印象。而加深印象的唯一方法是遵守ENTJ型人的指挥。

总之，对于ENTJ类型的人来说，工作场所几乎是一个自然栖息地。ENTJ型人的效率和清晰的沟通受到重视，他们的领导能力令人钦佩，他们轻松完成任务的能力无与伦比。任何相对无权的职位都非常不受ENTJ型人欢迎。

不过，ENTJ型人是灵活的，能够通过做他们最擅长的事情

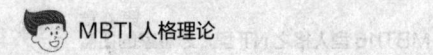

来适应几乎任何等级关系,他们会坚持自己的观点,同时积极主动地面对挑战。

ENTP型人格的职业道路和发展方向

ENTP这类人一般都思维敏捷、聪明、反应快,喜欢新奇有趣的事物。ENTP仿佛就是学生时代中坐在后排,脑子很好使,但是不怎么努力的一类人。ENTP也是很矛盾的一类人,喜欢他们的人觉得他们热情又有趣,跟他们在一起总会有许多乐趣,不喜欢他们的人则觉得他们喜欢无节制开玩笑,有时候让人恨不得揍他们一顿。有人说他们说话过于直白,会得罪人。

至于他们适合什么职业,我们就很清楚了,ENTP型人适合的职业有:

● 商业金融方面:执行官、金融规划师、饭店经理、投资银行家、经纪人、证券销售代理商等;

● 宣传、创意、营销方面:广告总监、商业经理、艺术家、艺人、运动员、作家、编辑、记者等;

● 信息技术方面:计算机分析师、互联网战略合作专家、网络整合专家等;

● 教育方面:体育教练、教授、教师;

- 创业方面：发明家、餐厅酒吧老板、小企业老板等；
- 医学方面：急诊科医生、外科医生、家庭医生、内科医生、精神科医生等；
- 政府方面：政府官员、城市规划师等。

在职业生涯中，ENTP型人的优势是能够自然地参与到工作中，并对高效工作和能够帮助别人感兴趣，但与ENTP人格类型的那种以人为本的乐于助人不同，ENTP型人专注于为有趣且多样化的技术和智力问题提供解决方案。

ENTP型是一种多才多艺的性格类型，虽然他们可能需要一定时间才能充分发挥自己的技能和专业素养，但他们会发现这些品质在几乎所有他们感兴趣的职业中都能很好地发挥作用。

并非每个职业都允许发挥创造力，但它对于有些职业不可或缺，如创业、设计、表演以及摄影。只要ENTP型人对自己的优势和劣势坦诚看待，他们就能在大多数需要新思维的职业中茁壮成长。

于ENTP型人而言，最好的职业奖励是智力、能力的提升和保持好奇心。ENTP型人善于通过自发地从事有智力要求的工作来有效地利用他们永无止境的想法。

ENTP型人在工作中有直接的期望，并不总是很容易满足。他们坚信精英管理，希望他们的想法能被他们的上级听到，希望他们的同事之间进行激烈的辩论，并要求下属提供新的解决

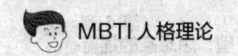

方案和想法。虽然事情在现实中并不尽如人意，但ENTP知道要寻找什么，并且可以避开那些他们原本会与之抗争的严格的等级制度。

他们在工作中会有以下这些表现：

1. 身为下属

ENTP型下属乐于挑战上级的想法，并且对限制性规则和规章有强烈的（并且表达良好的）厌恶。ENTP型人以他们敏锐的头脑和好奇心实施这种非正统的行为，并且能够采用新的方法，就像他们建议其他人这样做一样。如果某件事可以做得更好，ENTP型人很乐意接受批评，只要它符合逻辑。

ENTP型下属面临的最大挑战是执行细节、干脏活、执行上级制订的计划等工作内容。这与ENTP型人喜欢做的事情相去甚远——他们无法忍受简单的例行工作，单调的任务对他们来说是噩梦。如果管理人员能够适当地利用ENTP型人的偏好，让他们应对复杂的挑战和多样化的项目，事情就会变得更好。

2. 身为同事

ENTP型人作为同事被证明是最两极分化的，因为他们对头脑风暴、辩论和过度分析的热情往往会让更实际、以任务为导向的同事为之抓狂，但对于那些欣赏ENTP型人带来的创新的人来说，他们是激发灵感的存在。没有什么比刚刚开会通过一个计划就听到大家抱怨计划有多愚蠢更让ENTP型人烦恼的了。ENTP型人力求对这些想法进行直接和客观的评估，以至于他们经常因麻木不仁和居高临下而留下"名声"。

幸运的是，ENTP型人也知道如何放松，他们诙谐的文字游戏、健康的幽默感和外向的性格可以快速轻松地找到新朋友。因为ENTP型人总是愿意调动他们的知识库，所以与ENTP型人的对话内容丰富且有趣，这使他们很容易成为解决那些棘手问题的首选人。

3. 身为上司

虽然成为管理者并不一定是他们的目标，但管理层往往是ENTP型人最熟悉的地方，这一职位可以让他们自由地调整不同的方法并想出创新的方法来应对新的挑战，而不必处理执行这些计划的烦琐细则。ENTP型人是思想开放、灵活的管理者，他们给予下属思想自由。虽然这可能会导致混乱、相互冲突的想法和方法，但ENTP型人也擅长准确、客观地评估哪个计划可能最有效。

在工作中，他们并不是总能交到朋友，但被喜欢也并不是ENTP型人的目标，他们的目标是被尊重和被视为聪明而有能力的人。不管被人喜欢与否，这种性格类型的人在理性辩论中都能站稳脚跟，使自己成为团队可靠的倡导者。ENTP型人面临的挑战是保持专注，因为他们可能会发现自己会从一个项目跳到另一个项目，寻求挑战和兴奋。

第5章

MBTI 16型人格之NF型：理想主义者

在16型人格中，NF型包括INFJ、INFP、ENFJ、ENFP，分别是提倡者、调停者、主人公和竞选者，他们的共同特征是：与人真诚交往，遵守人道主义，促进关系，努力让社会变得更好。NF是抽象的、全局的、具有前瞻性、着眼于未来，是典型的理想主义者，并以强烈的合作意识追求环境的和谐。理想主义者大部分都热情奔放，并且从不吝啬自己的赞美之词，最关键的是非常乐于助人。那么，除此之外，他们还有哪些特征呢？接下来，我们就在本章中加以探讨和分析。

INFJ型人格——提倡者

INFJ型人格是16型人格中的一种人格类型。其中，I代表内向，N代表直觉，F代表情感，J代表判断。INFJ型人非常稀少，只有不到1%的人口属于这种类型，但他们对世界的贡献不容忽视。

INFJ型人格的人非常温柔，具有创造力和同情心。INFJ型人把帮助他人作为生活的意义，虽然你会在营救活动和慈善工作中发现他们的身影，但他们的真正理想是从根本上解决问题，让人们一开始就不会陷入困境。

INFJ型人也以"保护者型"著称，他们具有与生俱来的理想主义和道德感。但真正令他们与其他理想主义人格类型区分开来的是，他们果断决绝。他们不是懒散的空想家，而是能脚踏实地完成目标并做出贡献的人。

下面是INFJ型人的优缺点：

1. 优点

● 有创意——INFJ型人喜欢为他们关心的人找到完美的解决方案，为此，他们使用了生动的想象力和强烈的同情心。这可以使他们成为优秀的顾问。

- 有见地——INFJ型人通常会努力摆脱表面现象并触及事物的核心，这让他们有一种近乎不可思议的能力来理解人们的真实动机、感受和需求。

- 有原则——INFJ型人往往有根深蒂固的信念，当他们谈论或写作对他们来说很重要的主题时，他们的信念往往会闪耀。INFJ型人可以是令人信服和鼓舞人心的沟通者，他们的理想主义甚至可以说服最顽固的怀疑论者。

- 热情——INFJ型人可以一心一意地追求自己的理想，这可能会让其他人措手不及。这些人很少满足于"足够好"，即使他们打破现状的意愿可能不会让所有人都满意。INFJ型人对他们所选择的事业的热情是他们个性的一个关键方面。

- 利他主义——INFJ型人通常利用自己的优势实现更大的利益，很少以牺牲他人为代价取得成功。他们倾向于考虑自己的行为如何影响他人，他们的目标是帮助周围的人，让世界变得更美好。

2. 缺点

- 对批评敏感——当有人挑战他们的原则或价值观时，INFJ型人可能会做出强烈反应。这种性格类型的人在面对批评和冲突时可能会反抗，尤其是在涉及他们内心深处的问题时。

- 不愿敞开心扉——INFJ型人重视诚实，但他们也很私密。他们很难敞开心扉，这也可能是因为他们认为他们需要自己解决问题，或者不想让其他人承担他们的责任。当INFJ型人不想寻求帮助时，他们可能会无意中阻止自己靠近别人或在与别人的关系中制造距离。

● 完美主义——INFJ的人格类型几乎是由理想主义定义的。虽然这在许多方面都是一种美妙的品质，但理想的情况并不是总能出现的。如果INFJ型人不断关注不完美之处并想知道他们是否应该寻找更好的东西，他们可能会很难欣赏他们的工作、生活环境或人际关系。

● 避免平凡——INFJ型人往往受到生活中有更大目标的感觉的激励。他们可能认为将他们的远大愿景分解成小的、可管理的步骤是乏味或不必要的。但是，如果他们不将梦想变成日常工作和待办事项清单，他们的目标可能永远不会实现。

● 容易倦怠——INFJ型人的完美主义和矜持可能让他们没有多少发泄情绪的选择。这种性格类型的人如果找不到一种方法来休息放松，他们可能会筋疲力尽。

根据这些优缺点，我们也能大致推断出他们在各种关系中的表现：

1. 在亲密关系中

INFJ型人在亲密关系中忠诚而深情，尽管他们可能需要很长时间才能找到合适的人。他们对伴侣非常忠诚，除非他们怀

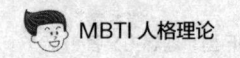

疑伴侣出轨，在这种情况下，他们会毫不犹豫地离开。

他们总是在寻找方法来帮助他们的伴侣，无论是身体上还是精神上。虽然他们似乎是不求回报地付出了爱，但他们总是希望从他们的另一半那里得到同样的爱。

由于这些因素，INFJ型人最适合与对情绪有着相似理解的性格类型配对，其次，在理想情况下，他们应该与外向的人配对，以弥补INFJ的内向性格。因此，像ENFP和ENTP这样的性格类型是最匹配的，而INFJ型人和ISTP或ESTP之间的关系不太可能成功。

2. 在社交关系中

亨利·戴维·梭罗曾这样评价INFJ型人："我能为朋友做得最多的事就是做他的朋友。"

INFJ型人对真诚和真实有着强烈的渴望。他们很少满足于那种方便易得的"友谊"。他们通常不依赖于与他们每天在工作场所或学校看到的人进行肤浅的互动来建立友谊，而是更喜欢有一个亲密的知己圈子。

INFJ型人倾向于在能与他们分享激情、兴趣和信仰的朋友周围变得活跃。没有什么比与他人讨论有意义的想法和哲学问题更能让这些人开心的了。一旦INFJ型人知道他们可以完全信任某人，他们就会发现，分享内心深处的想法、理念和感受会令人难以置信地充实且快乐。

3. 在亲子关系中

INFJ型人在教育中的最终目的是将孩子培养成和自己一样优秀且独立的人，希望孩子正直、诚实。INFJ型父母通常会始终努力爱他们的孩子。当他们想象他们孩子的未来时，INFJ型人真正期待的是能够与他们帮助和抚养的对象进行平等的互动，建立平等关系。

不过，当他们的孩子进入更加叛逆的青春期时，可能会给INFJ父母带来一些麻烦。如果孩子违背他们作为INFJ父母的价值观和信念，则尤其会如此。在这种情况下，INFJ型人可能会觉得他们的孩子在批评或拒绝他们，这对这种敏感的性格类型来说是一种伤害。

INFP型人格——调停者

INFP型人格中的I代表内向，N代表直觉，F代表情感，P代表感知。

INFP型人被称为是诗意、善良的利他主义者，他们总是热情地为他人提供帮助。他们也是真正的理想主义者，总是从最坏的人和事中寻找最好的一面，想方设法让情况变得更好。虽然他们可能看起来冷静、内向甚至害羞，但内心却很火热。

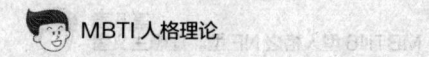

他们性格敏感，容易对音乐、艺术、自然和周围的人产生深刻的情感反应。理想主义和善解人意的INFP型人渴望深入深刻的关系，他们渴望被召唤、帮助他人。由于这种性格类型只占人口的一小部分，很少有人欣赏他们独特的特质，因此INFP型人有时可能会感到孤独。

INFP型人的一些主要特征包括：

- 忠心耿耿；
- 对感情敏感；
- 热情、关心他人；
- 较强的书面沟通能力；
- 更喜欢独自工作；
- 重视亲密关系；
- 关注大局而非细节。

他们性格中的优缺点也显而易见：

1. 优点

- 慷慨——INFP型人很少喜欢以牺牲他人为代价取得成功。他们乐于分享他们生活中的美好事物，赞扬并帮助周围的人。这些人希望为一个没有人的需求得不到满足的世界做出贡献。

- 善良——INFP型人可以感受到另一个人的情绪，从喜悦和兴高采烈到悲伤和遗憾。由于这种敏感性，INFP型人往往是体贴和善良的，他们讨厌伤害任何人的想法，即使是无意的。

- 思想开放——INFP型人宽容和包容，尽量不去评判任何人的信仰、生活方式或决定。这是一种更喜欢同情而不是挑剔的性格类型，许多INFP型人对那些做错的人也感到同情。INFP型人经常成为他们的朋友和亲人的知己，但偶尔也会成为与其完全陌生的人。

- 充满创意——INFP型人喜欢从非传统的角度看待事物。没有什么比让他们的思想在各种想法、可能性和白日梦中游荡更能让他们快乐的了。因此，许多INFP型人为创造性的追求所吸引，这种人格类型的特点在作家和艺术家中得到了很好的体现。

- 充满激情——当一个想法或做法激发了他们的想象力时，INFP型人就会想要全心全意地投入其中。这种性格类型的人可能并不总是直言不讳，但这并不会削弱他们对与他们的信仰和信念相符的事业的强烈感情。

- 理想主义——INFP型人追随良心，即使做正确的事情并不容易或不方便。他们始终记得这个有意义的愿望——帮助他人并让世界变得更美好。

2. 缺点

- 不切实际——这个世界上没有什么是完美的，这对于INFP型人来说可能是一个难以接受的事实。这种性格类型的人可能是绝对的浪漫主义者，对他们的生活应该是什么样子有着美好浪漫的愿景。当现实不可避免地达不到他们的预期时，

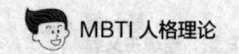

INFP型人会感到失望。

- 自我隔离——INFP型人渴望与他人建立联系,但他们并不总是知道如何去做。尤其是在新环境中,INFP型人可能不愿意结交新朋友或参与新活动。因此,这种性格类型的人有时可能会感到孤独或被孤立。

- 注意力不集中——INFP型人的想象力和内省的天性并不总是有助于提高工作效率。许多INFP型人因自己很难坚持下去并完成工作而感到沮丧。问题不在于他们没有能力,而是他们容易陷入不同的想法和理想以致无法采取行动。

- 情感脆弱——虽然这些人的情感协调是他们最大的优势之一,但除非INFP型人建立界限,否则他们可能会吸收他人的负面情绪或态度。

- 不顾一切的取悦——冲突往往会给渴望和谐与接纳的INFP型人带来压力。当有人不喜欢或不赞成他们时,这些人可能会试图改善不和谐的气氛,并改变那个人的想法。不幸的是,INFP型人取悦他人会耗尽他们的精力,使他们的内在智慧和对自己需求的意识黯然失色。

- 自我批评——INFP型人相信他们独特的潜力,他们迫切希望实现目标,但这可能会导致他们对自己有不切实际的期望。当INFP型人未能实现这些愿景时,他们可能会指责自己无用、自私或存在严重缺陷。长此以往,这种自我批评会影响

INFP型人，甚至导致他们放弃最热爱的梦想。

除了想要更深入地了解自己以及如何融入这个世界外，他们还对如何最好地帮助他人感兴趣。

在个人情感上，他们通常会有下面这些表现：

1. 在亲密关系中

对于INFP型人来说，爱情和浪漫是很棘手的，尤其是当他们刚开始恋爱时。INFP型人不容易向他人敞开心扉，即使是那些处于长期关系中的INFP型人也很难与伴侣分享他们内心最深处的想法和感受。

不过，恋爱中的INFP型人会表现出许多美妙可爱的行为。例如：关注伴侣的需求并创造性地找到满足伴侣需求的方法，真诚地希望他们的伴侣成为最好的自己；鼓励和善解人意，是出色的听众；忠诚和诚实，让关系建立在坚实的道德基础上。

对于INFP型人来说，找到真爱是很困难的。他们倾向于寻找理想的灵魂伴侣，与他们在爱的基础上开始一段深厚的、精神上的关系。然而，INFP型人对于爱情和浪漫的概念是如此的理想化，以至于他们经常会错过美好（但不完美）的关系。

2. 在社交关系中

INFP型人倾向于内向、安静。处于社交场合往往会消耗他们的精力，他们更喜欢与一群合适的密友互动。

虽然他们喜欢独处，但这并不代表他们是害羞的，只是意

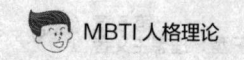

味着INFP型人通过独处时间获得能量。

3. 在亲子关系中

在亲子教育中，他们十分看重对孩子责任感的培养，而孩子如果有不好的行为，他们便会认为是自己的失败，会因此感到沮丧。

为此，他们会将精力过多放到自我责备上，而不是为孩子建立恰当的行为体系上。

ENFJ型人格——主人公

ENFJ型人格中的E代表外向，N代表直觉，F代表情感，J代表判断。ENFJ人格的人约占人口的2%，他们常常是政客、教练和老师，通过帮助、启发他人来取得成就并造福整个世界。他们浑身散发着天然的自信，潜移默化地影响着周围的人，也能够指导他人团结协作，帮助他人提升自己，而他们自己也可从中获得自豪感与快乐。

如果你向某人请教问题，这个人知无不言，言无不尽，恨不得倾囊相授、掏心掏肺，还时不时对你谆谆教诲，这个人很可能是个ENFJ型人格的人。

ENFJ型人的几个关键词是热情、坦诚、灌输信念、富有人格魅力和正义感。ENFJ型人给人的初步印象是热情、坦诚，虽然所有的EF类型都可以说是热情的，但在这里描述ENFJ型人用的词是热情和坦诚。因为ENFJ型人的感情是像太阳或者说探照灯一样照向其他人的，而探照灯在照你的时候，它自己的一切也都是向你敞露的，没有任何隐瞒。

ENFJ型人热爱人类，这一点和他们理想化地看待人类、看待他人有很大关系，因为ENFJ型人经常看到一个人应该成为的样子，而不是这个人现在实际的样子，他们往往会把人理想化。这其实就是一种教育者的视角，一个好老师眼里的学生就是这个学生应该变成的样子，而不是这个学生现在的样子，因此ENFJ也被一些人称为"教育家"。因为有这种特殊的看待他人的方式，ENFJ就会经常要求别人去自我实现，去要求别人变得更好，好像这是每个人对自己的责任一样。换句话说，ENFJ会认为没有自我实现、没有踏上个人成长之路是不正常的，是遗憾的、缺失的，是错的，也是需要被纠正的。

既然被称为"教育家"，ENFJ型人自然好为人师，喜欢说教。他们喜欢讲大道理，他们希望自己说出来的话是有意义的，而他们觉得最有意义的事情就是把自己发现的各种人生道理分享给他人。他们也喜欢扮演人生导师的角色。即使不能成为人生导师，ENFJ型人也会有一种抑制不住把自己知道的东西教给别人的冲动。任何一件事情，只要ENFJ型人自己先搞懂

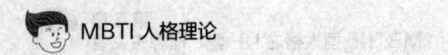

了，那么他们就很可能会成为最适合把这件事情教给其他人的那个人，也就是教育者。ENFJ型人喜欢通过说教的方式来说服他人，对于他们来说，说服一个人和教育一个人就是一回事。

这样，我们便能总结出这类人格的优缺点：

1. 优点

● 热情——这一类型的人精力充沛，对各种类型的人都充满兴趣，且乐于追求自己的爱好。他们的爱好广泛，比如烹饪、种植花草、远行等，他们很少会感到无聊。

● 可靠——最让这一类型的人感到困扰的是对一个人或者某项事业的前景感到失望，他们很注重承诺与责任，即便有时候他们很难做到。

● 乐于接受——ENFJ型人能认识到让他人充分表达自己的重要性。即便他们并不同意别人所说的某一观点，但他们也明白每个人都有表达自己想法的权利。

● 利他主义——这些人以强烈渴望成为积极变革的力量而闻名，他们真诚地相信，如果把人们聚集在一起，就能创造一个美好的世界。

● 魅力无穷——他们坚定且有着鼓舞人心的魅力，他们常常充当领导角色，无论他们身处何地，他们都很少忘记为他人服务的这一主要目标。

2. 缺点

- 过于理想主义——ENFJ型人往往对什么是对、什么是错很明确，而且他们经常认为每个人都应该遵守这些基本原则。因此，当ENFJ型人看到别人违反他们的核心价值观时，他们可能无法接受。

- 不切实际——许多ENFJ型人给自己施加压力，以纠正他们遇到的每一个错误。但无论这些人如何努力，解决世界上所有的问题对他们来说都是不现实的。如果他们不小心，可能会过于分散精力，以至于无法帮助任何人。

- 傲慢——这种性格类型的人喜欢教别人，尤其是出于对他们来说非常重要的原因和信仰时。但有时他们试图启发他人的行为可能会被视为傲慢。

- 强硬——在自我提升方面，ENFJ型人充满精力和决心。但他们可能没有认识到并非每个人都具有这些品质。有时，ENFJ型人可能会推动其他人做出他们还没有准备好的改变——或者只是一开始就没有兴趣做出改变。

- 过分善解人意——他们的最大优势之一就是富有同情心，但他们习惯于将别人的问题当成自己的问题，而这也是他们感到疲惫的原因之一。

同样，我们能大致推断出他们在各种情感关系中的表现：

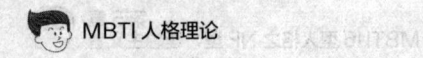

1. 在亲密关系中

他们对爱情的标准很高，且注重承诺，但当他们认为自己找到真爱时，也极有可能会摔得很惨。不过，他们对此并不害羞。ENFJ型人是最容易表达自己感受的人格类型之一，因此他们经常发现自己迈出了第一步，而不是玩游戏或等待对方有同样感受。

约会时，他们更关心伴侣的梦想、抱负，以及他们希望对自己和世界做出的改变，而不是只想着娱乐，比如对什么电视节目感兴趣，以及喜欢什么食物等。

一些ENFJ型人很刻意地帮助伴侣进步，但同时，他们可能忽视了照顾自己和自我成长，他们也可能面临着迫使他们的伴侣以根本没有准备好的方式改变生活的风险。

2. 在社交关系中

他们对人热情、真诚，乐于与人保持亲密关系。对于这些人来说，友谊并不具有消耗性或是微不足道，相反，它是美好生活的关键组成部分。

ENFJ型人可以成为任何人都希望拥有的最好的朋友。这种性格类型的人心地善良，值得信赖，他们会为友谊付出令人难以置信的精力和关注。他们希望他们的朋友感到不仅被认可而且被支持，不仅被听到而且被理解。

3. 在亲子关系中

在亲子教育中，他们有种深深的使命感，并且出于爱，他们也会向孩子灌输强烈的价值观和个人责任感。

这种性格类型的父母对孩子有很高的期望。这些期望通常带有最好的意图——ENFJ型人想确保他们的孩子正在走向有意义、充实的生活，能够充分发挥他们的潜力。

然而，一些孩子也会因此而产生错觉，即他们被爱并不是因为他们本身，而是因为他们做对了事情，不过，随着年龄的成长，他们能逐渐理解ENFJ型父母的爱。

ENFP型人格——竞选者

ENFP型人格又称"竞选者"型人格，其中的E代表外向，N代表直觉，F代表情感，P代表感知。ENFP占人口比例为6%~8%，在NF类型中是比例最高的。

ENFP型人是真正富有自由精神的人。他们也被称为"追梦人"，因为一个理想的ENFP的一生看上去就是一个不断追寻梦想的过程。

ENFP型人热忱，充满新思想，富有创造性和自信，具有独创性的思想和对可能性的强烈感受。对于ENFP型的人来说，生活是一场戏剧。因为ENFP型的人对可能性很感兴趣，所以他们了解所有事物中的深远意义，喜欢许多可供选择的事物的存

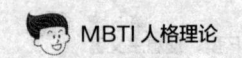

在。他们具有洞察力,是很好的观察者,能注意常规以外的任何事物。ENFP型的人好奇,他们更喜欢理解而不是判断。

我们可以总结出ENFP型人性格中的优缺点:

1. 优点

- 善良——所有这些优势结合在一起,形成了一个热情、平易近人、具有利他精神和友好性格的人。ENFP型人努力拓宽交际范围,他们的熟人和朋友圈子往往很广。

- 热情——当某件事抓住了他们的想象力并激发了他们的灵感时,ENFP型人希望与任何愿意倾听的人分享。他们同样渴望听到其他人的想法和意见,即使这些想法与他们自己的想法大不相同。

- 好奇——他们富有想象力,思想开放,不怕冒险,他们不喜欢待在舒适区,喜欢寻找新的想法、体验和冒险。

- 洞察力——对于这种性格类型的人来说,任何人的感受都很重要,这可能解释了他们如何能够捕捉到另一个人的情绪或表情的最细微的变化。因为他们对他人的感受和需求非常敏感,所以ENFP型人可以充分发挥他们的关怀、体贴的天性。

- 善于沟通——ENFP型人头脑中充满了要说的话,但他们也可以是有爱心的听众。这使他们可以与各种各样的人进行积极而愉快的对话,即使是那些不太善于交际或不讨人喜欢的人。

- 善于寻找趣味和快乐——ENFP型人可能会为深入、有意义的对话而生活，但他们也可以是自发和轻松的。这些人知道如何在当下找到乐趣和快乐，没有什么比与他人分享快乐更能给他们带来快乐的了。

2. 缺点

● 取悦他人——为了维持融洽的关系，他们可能会在对他们重要的事情上妥协。当他们未能赢得某人的支持时，他们可能会失眠，并试图弄清楚该怎么做。

● 过度乐观——乐观可能是这种性格类型的主要优势之一，但ENFP型人的乐观可能导致他们做出善意但幼稚的决定，例如相信还没有建立信任的人。这种特征也可能使ENFP型人难以接受残酷但必要的真相，并与他人分享这些真相。

● 不专心——这种性格类型的人以拥有不断变化的兴趣而闻名，这意味着ENFP型人可能会发现长期保持纪律和专注是一项挑战。

● 烦躁不安——他们积极乐观，在外面，他们看起来很少心烦意乱或者不满意，但内心的理想主义会让他们产生一种挥之不去的感觉，即他们做得还不够好，无论是他们的工作、家庭生活还是他们的人际关系。

● 缺乏秩序——他们的热情并不会放到每一个领域，他们会尽量避免实际且无聊的事，比如家务或文书工作。由此产生的混乱感可能成为他们生活中压力的主要来源。

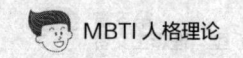

● 过于随和——每当有人向他们寻求指导或帮助时，他们可能都会答应。除非他们设定界限，否则即使是最有活力的ENFP型人也会变得过度投入，因此，在解决自己的生活问题上，他们反而可能缺乏足够的精力与时间。

根据这些优缺点，我们也能大致推断出他们在不同关系中的表现：

1. 在亲密关系中

浪漫是ENFP型人在亲密关系中的最大特点，他们渴望浪漫的生活，单身生活会让他们感到空虚，因此，他们很可能会因为寂寞而开始一段恋爱，他们也不会拒绝异地恋，因为他们相信真爱能打败距离。

不过，如果他们伴侣的热情与他们自己的热情不匹配，ENFP型人可能会感到不安全或需要帮助，因此，随着关系的深入，他们可能没有刚开始谈恋爱时有活力。

不过，庆幸的是ENFP型人可以找到方法来平衡他们自发、热情的天性与维持长期关系所需的稳定性和一致性。凭借他们标志性的敏感和善意，这些人甚至可以将最平凡的任务转变为富有创意的、发自内心的爱的表达。

2. 在社交关系中

ENFP型人追求那种有无穷机会的社交生活。他们常常是聚会上的焦点，在这种充满人际交往的生活里，他们能够在完成日常事务的同时尽可能保持选择的自由。

无论他们走到哪里，周围的人都能感觉到从他们身上散发出的热忱，这种热忱可以从两方面来理解，一方面是对生活和梦想的热忱，他们似乎总是在积极地生活、工作和追寻梦想；另一方面是对他人的热忱，他们很擅长结交陌生人，而且经常会不自觉地用自己的热忱去感染周围的人。

3. 在亲子关系中

ENFP型人总是鼓励他们的孩子勇敢地尝试自我表达和自我创造，他们利用自己的聪明才智和创造力，引导孩子发现并拥抱自己独特的激情和兴趣。

在孩子的一生中，ENFP型人提供了全部的爱和支持。但是随着孩子们进入青春期，他们自然会更渴望独立。他们可能会花更多的时间与朋友在一起，而不是与家人在一起，或者尝试与父母完全不同的观点和想法。尽管ENFP型人理解孩子，但是也害怕孩子推开自己。

幸运的是，ENFP型人的同情心可以帮助他们理解和尊重孩子在每个发展阶段的需求。这种性格类型的父母可以帮助他们的孩子培养强烈的自我意识和自我价值感，使孩子能够自信地进入广阔的世界，因为孩子知道自己和他们的ENFP型父母都可以依赖。

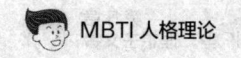

INFJ型人格的职业道路和发展方向

前面我们指出，INFJ型人最大的特质是追求真善美，同样，在职业上，他们也更倾向于寻找与自己价值观一致的职业道路，而不过分看重职业带来的地位和物质利益。幸运的是，这种性格类型的人几乎可以在任何领域找到适合他们的工作，我们通常能在下面这些职业中看到他们的身影：

1. 作家、画家和音乐人

INFJ型人格的人天性善于思考，喜欢一个人独处，对于日常生活有自己的感知，这使得INFJ型人格的人适合从事艺术类职业。独具一格的创造力和思考深度，使得产出优秀的作品对他们来说也不是难事。

2. 公务员、心理咨询人员

这类职业必须具备使命感，而不仅仅是为了工作而工作。INFJ型人较理想化，不那么现实，希望用自己的能力去为他人服务，更好地解决对方遇到的难题。这会让他们产生一种满足感，对工作多了几分期许。

3. 非营利组织负责人、老师

从事这两种职业，可以更好地发挥他们身上的服务意识，并且高尚的价值感让他们不是出于利益驱动，而是根据神圣使命去帮助别人。服务他人对于这种人格的人来说，并不是一件难受的事情，反而是一种幸福。

事实上，许多INFJ型人在决定哪种工作最适合他们时会遇到困难，因为他们能够想象出很多的可能性，当然，最后他们会选择一些竞争性弱且自主性强的工作。

然而，对于INFJ型人来说，要真正快乐，他们需要找到符合他们价值观并允许他们独立的工作。INFJ型人渴望有机会与他们帮助的人一起学习和成长。当这种情况发生时，INFJ型人可能最终会觉得他们正在完成他们的人生使命，在个人层面上为人类的福祉做出贡献。

以下是他们在工作中的表现：

1. 工作习惯

INFJ型人在工作环境方面有一些特定的需求，他们想知道他们的工作是否可以帮助人们并促进他们自己的个人成长。这意味着他们的工作必须符合他们的价值观、原则和信仰。

在工作场所，INFJ型人在有机会表达自己的创造力和洞察力时往往会茁壮成长。当他们知道自己所做的事情有意义时，他们会特别有动力。当他们可以忽略职场潜规则，只做对他们重要的事情时，他们也往往做得最好。大多数这种性格类型的人不喜欢认为自己高于或低于其他任何人，无论他们处在工作层级上的哪个位置。

幸运的是，INFJ型人足智多谋且富有创造力，他们可以轻

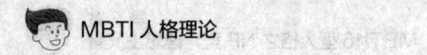

易找到合适的工作。

2. 身为下属

INFJ型人重视合作、敏感和独立。作为下属，他们倾向于被那些思想开放并愿意考虑他们意见的上级所吸引。INFJ型人在遇到前所未见的情况时可能会感到沮丧，因此拥有一位倾听他们的上级可以使一切变得不同。

理想情况下，INFJ型人还会找到一位价值观与他们一致并为他们提供鼓励和表扬的上级。因为INFJ型人倾向于根据他们的信念采取行动并力求做到最好，他们的士气很容易受到影响。最能打击这些人的士气的可能包括严格的规则、正式的结构和例行任务。

当然，完美的工作环境并不总是存在的。拥护不理想的上级可能需要利用他们的内在韧性。好消息是，这种性格类型的人完全有能力应对工作场所的挑战，包括来自难相处的上级的挑战。

3. 身为同事

作为同事，INFJ型人可能非常受欢迎且受人尊敬。这种性格类型的人可能被视为态度积极、能力出众的员工。他们最大的优势之一是他们能够识别他人的动机并在其他人感觉到干扰之前化解冲突和紧张。

有时对INFJ型人来说，工作效率可能不如与需要提升的同事合作和帮助他们重要。虽然这通常是一种优势，但也存在其他人会利用INFJ型人提供帮助的愿望的风险。INFJ型人可能会发现自己会以牺牲自己的精力和幸福为代价，为那些不那么敬业的同事收拾残局。

虽然他们往往是热情且平易近人的同事，但INFJ型人仍然是内向的人。有时，他们可能需要退后一步，独自工作，以自己的方式追求自己的目标。

4. 身为上司

作为管理者，INFJ型人可能不喜欢行使他们的权力。这些人更愿意看到在他们手下工作的人是平等的。与其对下属进行微观管理，提倡者通常更愿意授权他们进行独立思考和行动。

这并不是说INFJ型人的标准很低——远非如此。他们的平等意识意味着他们期望下属达到他们为自己设定的标准。INFJ型人的上司希望他们的员工严谨、积极、可靠和始终如一地诚实，如果他们的员工没有达到目标，他们便会注意到。

富有同情心和秉持公平的INFJ型上司经常以发现下属的独特优势为荣。他们努力了解员工的动机，这得益于INFJ型人的直觉洞察力。

也就是说，这种性格类型的人如果发现某人以他们认为不道德的方式行事，他们可能会非常严厉，因为他们对此几乎没有容忍度。然而，当员工的良好意图与他们自己的意图相匹配

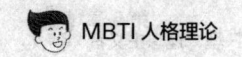

时，INFJ型人将不知疲倦地工作，以确保他们的整个团队感到受到重视和满足。

当然，无论什么职业，他们都能表现出色，也都能找到帮助他人的方法。他们还可以找到在几乎任何职位上使用他们的创造力的方法。无论他们的名片上写的是什么，INFJ型人的洞察力都可以让他们发现不寻常的模式并提出有效的解决方案，从而为他人的生活带来真正的改变。

INFP型人格的职业道路和发展方向

INFP型人是典型的理想主义者，他们渴望不仅能处理账单，还能让人感到充实的职业。他们想把每一天都花在做他们真正喜欢的事情上，而且最好不要有太多的压力或戏剧性。

对于一些即将进入大学、需要选专业的INFP型人来说，最好是选择艺术类，而不是技术类。同时，INFP型人在生活中是一个理想主义者，忠于自己的价值观，不喜欢主动去适应别人，在选择自主性强的专业上比较占优势。例如哲学、艺术史论、音乐学、管理学、教育学、电子商务等。INFP是艺术天分高、思考深度强的人格，这类人在选择专业的时候，应优先考虑理论类。

INFP型人喜欢按自己的观点办事，所以适合选择一些自主性强的专业，他们的心中充满了细腻的情感，对待艺术有自己的见解。初见时他们沉默不语，可经过深入了解，别人会明白他们内在的感情有多么细腻。

虽然INFP型人适应性强，但INFP型人在高压力、官僚主义或忙碌的环境中工作中会失去动力。他们也不喜欢高度挑剔或竞争激烈的工作环境。独立性的工作场所往往非常适合INFP型人，尽管他们可能需要借助一些结构和监督，以帮助他们避免拖延和陷入沉思。

INFP型人不需要理想的条件来实现专业发展。这些人希望在他们的职业生涯中以及在他们生活的任何其他方面都能践行他们的价值观。当他们在工作中追求使命感时，他们可以忍受并克服任何挑战。

因此，对于即将进入社会的INFP型人来说，可以选择这样一些职业：

1.心理医生、护工

细心和柔情使INFP型人在生活中更能体会到他人的痛苦，成为医疗行业从业者是不错的选择。他们能够利用自己的体贴照顾到对方的感受，以便更好地进行治疗。

2.作家、编辑、演员

内向、善思、敏感都是成为文化类职业人员的必备特质。缺少一颗细腻的心脏，也就很难将创作的激情点燃，少了内向

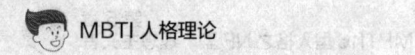

的静谧，也无法沉下心来揣摩人物的情绪。

当然，能满足他们愿望的工作并不是很容易找到，这会让他们感到沮丧。如果一直等待完美的工作出现，他们会最终感到被卡住或担心自己没有发挥自己的潜力。

实际上，我们都知道没有完美的工作，对不太理想的职位的不满可能会严重影响这种性格类型的人。幸运的是，INFP型人的创造力、独立性以及与他人建立联系和帮助他人的真诚愿望可以让他们在工作中发光并找到满足感。

INFP型人希望在他们的工作中感受到一种使命感。无论他们发现自己身处何种岗位，他们都会尝试与他们所做的事情建立情感和道德上的联系——即希望看到他们的日常努力正在以某种形式帮助其他人。这种为他人提供服务的愿望影响了INFP型人对工作场所权威的反应以及他们表达权威的方式。

以下是他们在工作中的表现：

1. 身为下属

作为员工，INFP型人往往忠诚、乐观和体贴。他们以在任何情况下都诚实和做正确的事情而自豪。这种性格类型的人也会因取悦他人而感到满足，从他们的老板到他们的客户，他们在想办法帮助他人时会感到最有动力。

这就解释了为什么赞美和积极的反馈可以使他们发光。另外，批评会导致这些人消沉。当面对可能的惩罚或高度消极的老板时，他们可能会很难把事情做好，再加上不断响起的电话或满溢的收件箱，这些都会给INFP型人带来重重的压力。

INFP型员工享受自由。他们的创造力和洞察力使他们能够改变旧的、无效的做事方式——只要他们有机会发表意见并做出改变。也就是说，他们往往会从最后期限和明确的期望中受益，以使他们保持在正轨上。否则，这种性格类型的人可能会陷入拖延症，因为他们常常会从一个想法跳到另一个想法，而不是安定下来专注于将任务从他们的待办事项列表中划掉。

2. 身为同事

他们重视公平和平等，但是不得不承认的是，工作场所是存在等级制度的，这会让他们感到压抑，他们更喜欢每个人都感到被重视并被鼓励分享他们想法，无论他们的职位是什么。作为同事，INFP型人尽其所能将这一理想变为现实。

INFP型人可以以他们的方式成为将同事凝聚在一起的黏合剂。虽然他们的声音可能不是最响亮的，但他们的洞察力杰出，同事经常向他们寻求建议。

他们不喜欢冲突和尔虞我诈的职场政治。相反，他们试图以促进和谐与合作的方式行事。当有人需要帮助时，INFP型人往往会在没有任何表扬或认可的情况下介入。

3. 身为上司

作为管理者，INFP型人是最不可能表现得像一名负责人的

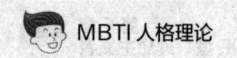

人格类型之一。他们尊重员工，将其视为平等的人，而不仅仅是下属。INFP型人不会自己做出所有决定，而是经常要求听取员工的想法和意见。

一般来说，这种性格类型的人不会进行过于精细的管理。相反，他们将目光投向大局。他们认为支持员工是他们的责任，而不是确切地告诉他们该做什么以及如何做。只要有可能，他们就会鼓励为他们工作的人发展自己的想法并运用自己的最佳判断力。

然而，这种管理方式有一个缺点。有时INFP型人难以设定界限、发现效率低下的问题或提出批评，即使在必要时也是如此。这可能会减慢他们的团队速度，并给INFP型人和他们的员工带来不必要的压力。有时，这种性格类型的上司可能需要为了他们的团队以及整个工作场所的利益而提出严格要求。

ENFJ型人格的职业道路和发展方向

对于工作，ENFJ型人格的人往往更注重以人为本，在他们眼里，整个世界是一个和谐的整体，而这个整体是有目的和意义的，虽然这个目的和意义其实只是他们自己的观点，但他们对此深信不疑，并试图把这一信念灌输给其他人。

在选择职业时，ENFJ型人会在做他们最喜欢的事情——帮助他人中找到满足感。凭借创造力和动力，他们几乎可以在任何工作环境中找到服务和提升他人的方法，无论他们身处何地。

ENFJ型人格的人通常更偏好这些工作领域：信息传播、教育、服务业、卫生保健、商业、咨询、技术等。他们适合的典型职业有：广告客户经理、杂志编辑、临床医师、职业规划师、培训专员、大学教授、销售经理、程序设计员、市场营销人员、新闻记者、社会工作者、人力资源工作者、电视制片人、公关、非营利机构负责人等。

ENFJ型人的工作风格是积极进取、信心十足，同时具有较强的合作意识，总是在激发大家的热忱，勉励大家坚持，带给大家幽默以及使工作圆满完成的其他需要。他们所做的一切都是凭借积极的态度、对他人真诚的信任来完成的。但是，稍不留意，他们可能就会被别人视为流于形式，只是在做表面文章。

ENFJ型人对组织的使命和价值观是非常敏感的，他们会像对周围的人提出很高的道德要求一样对自己所在的组织提出道德要求。举个例子：一个组织宣称自己的工作是为了改变世界，很可能这只是一种市场宣传上的策略，但是ENFJ会非常较真他们是不是真的在改变世界，他们会对涉及价值观的事情特别认真。ENFJ型人在公司容易获得晋升，但真正激励他们的动因，可能仅仅是公司存在服务于人的宏愿。

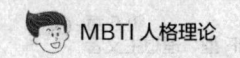

另外，ENFJ型的男性和女性在工作中的表现是不同的。

ENFJ女性在工作中的表现往往可圈可点，她们对轻重缓急有极好的把握，总能把大家所期待的"必须"与"应该"的东西做得非常到位。倒并不是她们希望或喜欢那么做，只是她们热切地希望这样做能使大家开心。ENFJ女性经常被视为榜样，捧为偶像，这是她们乐于看到的。如果说ENFJ女性有什么缺点的话，那就是在某些问题上表现得过于理想主义，从而让人产生了距离感。

ENFJ男性会在工作中遇到更为严重的问题。他们在工作中表现出的许多偏好，比如心肠软、关爱心泛滥，会让ENFJ男性在两个角色中来回摇摆：一个是模仿阳刚硬朗的传统男性角色，另一个角色便是自我的自然表现，但这样有被贴上"婆婆妈妈"标签的风险。当表现出铁石心肠时，他们会伴随着罪恶感和自我的迷失。如果他们趋于自然偏好，他们的男子气概会受到质疑，以至于他们刻意做出某些行为来证明自己是真正的男子汉。整合先天偏好与后天社会环境对男性要求的有效办法是让ENFJ男性从事心理学以及其他和人相关的职业。这些职业领域大多数需要带有女性的特质：循循善诱、充满关爱、完善自我、献身精神、宽广的胸怀——这些高尚的特质是传统意义上女性的特质。

可见，ENFJ型人在工作中具有热情、理想主义、魅力超凡、富有创造力和社交能力强的特点。在这些特点的支持下，这一类型可以在许多不同的角色中茁壮成长，无论资历如何。此外，他们通常是讨人喜欢的和善良的，无论他们是否有机会与他人合作，这些品质都可以推动他们取得成功。

在工作中，不同身份的他们，也有不同的表现：

1. 身为下属

作为员工，这类人经常对自己严格要求并希望能向上司证明自己的优点，因此，他们的敬业精神和责任心常常能让他们承担更多责任。

不过，一些上司正是利用他们的职业道德，给他们安排繁重的工作任务，或者让他们完成不属于他们分内的工作。尽管这些人有能力为自己挺身而出，但他们仍然可能接受所有这些额外的任务，以保持和平并避免让他人失望。

2. 身为同事

作为同事，ENFJ型人因渴望合作而脱颖而出。他们总是在寻找机会来创造双赢局面并帮助他们的同事充分发挥潜力。这种个性营造了公平的团队环境，让每个人都能轻松地表达自己的意见和想法。

话虽如此，ENFJ型人过于负责有时可能会激怒他们的同事。凭借强烈的领导动力，ENFJ型人有时可能会做出超出其权限范围的决定。

3. 身为上司

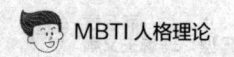

许多ENFJ型人被要求担任经理和领导者的角色，凭借自身的魅力、洞察力和鼓舞人心的自我表达方式，他们在有机会领导团队时通常会干得不错。

这一类型的人倾向于将团队中的每个成员视为具有重要天赋和独特潜力的人。因此，为ENFJ型人工作会让人感到有意义和令人振奋——这是一个实现个人发展的机会。

然而，ENFJ型人的理想主义可能会阻止他们认识到员工的真正局限性。有时，这种性格类型的经理可能会给团队成员分配他们根本没有准备好的任务——这种做法常常适得其反。幸运的是，ENFJ型人可以利用他们的情商和个人判断力在鼓励员工成长和过分推动他们之间找到平衡。

ENFP型人格的职业道路和发展方向

前面我们已经分析过，ENFP型人很聪明，有创造力，多才多艺，善于与人打交道，并能有创业和领导的才能。他们希望找到自己所热爱的职业，安于平庸的选择对这种性格的人来说似乎是难以忍受的。他们拥有丰富的想法、兴趣和爱好，但与此同时，选择职业道路会让这种性格类型的人感到不知所措。

他们可能会感到被牵扯向多个方向，不确定如何在获得稳定薪水的同时尊重自己的热情，并保持选择余地。

对ENFP型人来说，金钱一般不是找工作的优先考虑因素，他们经常淡化物质的重要性。大多数人宁愿省吃俭用地做自己喜欢的事情，也不愿从事不满意的工作。

偏好的领域：创作类、艺术类、教育教学、咨询辅导类、宗教、保健、技术等。

偏好的典型职业：培训师、人力资源工作者、社会科学工作者、团队建设顾问、职业规划师、编辑、艺术指导、建筑师、时装设计师、记者、口笔译人员、娱乐业人士、法律调解人、推拿医师、心理咨询师、心理学专家、顾问等。

总之，如果ENFP型人能够首先了解他们是谁，以及他们最热衷的是什么，这将会对他们找到合适的职业有所帮助。不幸的是，许多人在确定他们真正想做的事情时，很难有清晰的要求。这可能使他们感到迷失和充满怀疑。

不过，一旦找到了自己真正想要发挥的领域，ENFP型人有办法照亮他们周围的世界——包括他们的工作场所。有了正确的心态，这些人几乎可以在任何工作中找到快乐和得到满足。他们甚至可能会欢迎打破脾气暴躁的同事的外壳、让忙碌的顾客微笑或提升不那么愉快的工作场所的士气等挑战。

也就是说，ENFP型人更有可能在满足某些标准的工作中实

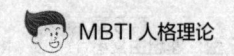

现个人目标。首先，他们需要相信他们每天所做的事情符合他们的核心价值观。其次，大多数这种性格类型的人在使用并培养自己才能的工作中感觉最好。

如果这一性格类型的人从事不允许他们使用和提高人际交往能力的职业，他们可能会觉得缺少一些东西。ENFP型人也往往在提供学习机会和创造力空间的职业中最有动力，包括有机会尝试他们感兴趣的附带项目的职业。

这就解释了为什么许多ENFP型人被非营利组织、公共服务、咨询、教育、客户或公共关系、酒店、媒体和娱乐以及服务行业的职业所吸引。除此之外，社交媒体和通信领域的工作也非常适合他们，这让他们能够平衡创造力和人际关系。ENFP型人也可能会被吸引到可以产生积极影响的科学和技术领域，例如健康和环境科学。

在工作中，无论他们处于什么样的职位，都能让工作场合更具创造力、鼓舞人心和充满关怀——无论他们处于哪个位置，他们在和他人自由探索新想法时都会感到很快乐。如果他们能与其他分享他们兴奋的人一起探索这些想法，那就更好了。

当然，不同身份的ENFP型人表现是不同的：

1. 身为下属

作为员工，ENFP型人经常以他们的创造力和适应能力给他们的上司留下深刻印象。这种性格类型的人乐于尝试新的做事方式，并在必要时改变方向。他们也是出色的倾听者，总是渴望考虑其他人的观点。

然而，像任何性格类型一样，ENFP型人的下属也有他们的烦恼。其中最主要的是微观管理。ENFP型人关心如何把工作做好，当他们能够按照自己的节奏行动并以自己的风格做事时，他们常常觉得自己做得最好。

然而，不得不说，许多这种性格类型的人确实会受益于一些直接的管理和监督。ENFP型人因在完成最后一个项目之前就跳到一个新项目而臭名昭著。他们喜欢探索新的尝试，但一旦项目的吸引力开始消退，他们可能会很难保持动力。本着这种精神，ENFP型人可能会发现将老板的签到视为责任和鼓励——换句话说，是团队合作而不是微观管理，对他们有帮助。

2. 身为同事

ENFP型人不仅将与他们一起工作的人视为同事，而且将其视为朋友。这种性格类型的人会对他们的同事产生真正的兴趣。

ENFP型人总是在寻找任何问题的双赢解决方案。他们不想以牺牲他人为代价取得成功。相反，他们会在应有的地方给予赞扬，并对任何做得好的人大加赞扬。集体头脑风暴是他们的强项。ENFP型人善于倾听他人的观点和建议，不仅非常宽容，而且表现出真诚的兴奋。

放松和享受乐趣的能力总是会让这些人在饮水机旁的闲聊

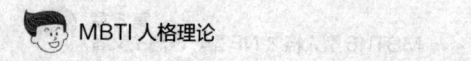

中受欢迎。但是，ENFP型人的不同之处在于他们能够将自己的声望转化为自然的领导力，激励他们的同事组成团队并合作实现他们的目标。

3. 身为上司

这种性格类型的上司的行为方式与他们上任之前的行为非常相似——他们与员工建立真正的联系，他们以身作则，而不是在办公桌后大喊大叫。

然而，并不是每个人都赞同这种观点。因为在没有明确命令的情况下，一些员工可能会觉得他们被期望读懂ENFP型人的想法，而且有些团队可能需要严格的截止日期和时间表才能准时完成项目。

对于ENFP型老板，谴责或解雇员工尤其困难——即使是那些罪有应得的员工。除非ENFP型老板设定界限和期望，否则他们最终可能会失望，甚至被为他们工作的人利用。

幸运的是，这些人具有敏感度和洞察力，可以利用他们的沟通技巧和同理心，以一种友善和公平的方式处理最具挑战性的工作环境。

第6章

MBTI16型人格理论之四个维度——了解你的性格与行为方式

MBTI16型人格理论的来源有四个维度，也就是性格的外向或内向、接受信息的方式实感或直觉、决策的方式是思维或是情感，以及面对未知时是判断或感知，且分别运用了不同的字母表示。那么，这些维度是怎样影响我们的性格、行为方式以及处理问题方式的呢？接下来，我们看看本章的内容。

人总是有内向和外向两面性

16型人格四个维度中的第一个维度就是性格的内向或外向。我们说性格有外向和内向之分，但任何一个人都不是绝对的外向或内向，而是二者的结合，具有两面性，正如文学家高尔基所说："人是杂色的，没有纯粹黑色的，也没有纯粹白色的。"

的确，人性是多面的，是无法进行准确定义和精确估计的。虽然我们在不少文学著作中都发现一点，作家通常会赋予作品中的人物以鲜明的个性，比如泼辣狠毒的王熙凤、多愁善感的林黛玉、有勇无谋的吕布等，这些突出的性格也是作家所塑造的重点，然而，我们现实生活中的人却是立体的、多面的，人性也要比小说人物复杂得多。

在心理学上，首先提出人的性格有内向和外向之分的是荣格，他指出在任何人的人格中，都有着这两种倾向，只是在日常生活中某种倾向占据了优势并显现了出来，而另外处于劣势的一方就被收进了"个人的无意识"。所谓个人的无意识，指曾经被意识到而后被压抑（遗忘）的经验或开始时不够生动、不能产生意识印象的经验。

在荣格看来，性格外向者的"自我"为外向，"个人的无意识"为内向；性格内向者的"自我"为内向，"个人的无意识"为外向。举个很简单的例子，一些人会产生疑问：为什么一些情况下我能做到镇定自若、侃侃而谈，但某些情况下我却磕磕巴巴、说不出话来呢？其实就是因为一些场合下某一倾向成为优势，而另外某个场合另外一个倾向就成为了优势。

一些性格内向者或者外向者常常对自己的个性不满意，为此，他们希望借助心理医生或者其他方法来改变自己的性格，比如，内向者希望自己能外向一点、为人处世灵活一点，而外向者则希望自己能变得耐心、细致、沉稳一点。

其实，性格没有优劣之分，极端的内向者和外向者也是极少数，人的个性通常是综合的，只是一些人偏外向些，一些人偏内向些。再举个很简单的例子：我们每个人都有左手和右手，并且，我们每天都会用到它们，也许你习惯用右手，左手用得就比较少；而如果你习惯用左手，那么右手就用得比较少。而至于到底是左撇子好还是右撇子好，我们不得而知，也无法给出定论。

可以说，两种性格都有其优缺点。比如：外向者一般热情、大方，给人好相处的感觉，他们更易交到朋友，但是往往比内向者缺乏耐心，做事不够谨慎；而内向者则做事踏实稳重得多，但因为不够开朗而让周围的人不易亲近他们。

第6章
MBTI16型人格理论之四个维度——了解你的性格与行为方式

当然，不管你是哪种性格类型，在与人交往的时候，我们都应该懂得把握分寸，不失偏颇、不张扬、不扭捏才是交往之道。

一天，一位性格外向者坐公共汽车，就在他坐下后不久，车上上来一位老太太，他立即站起来，对老太太说："老人家，您坐。"

老人家道了谢之后就坐下了。他则站在老太太旁边，看着窗外的风景，他心里特别高兴，因为他今天做好事了。

过了几站，老人家起身要走，他赶紧按住老太太，然后说："老人家，我不累，您坐您坐。"

又过了一站，老太太又站了起来，他又按住了老太太："老人家，我真的不累，您坐。"老太太着急地说："我坐过站了。"

这虽然是个笑话，却让我们看到性格外向者如果对周围的人太过热情，可能会起反作用。

在内向和外向两种性格中，没有优劣之分，人也没有十全十美的。当然，我们可以努力提高自己的个性优势、改正缺点；人正是因为有不足之处，才有了不断进步的空间。再者，只要我们把不足之处控制在安全的范围内，那么，它就不能对我们的人生造成致命性的影响。

总之，无论哪种性格的人都不可能十全十美，一个人也只有找到自己的不足，才能不断完善自己。

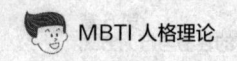

你了解自己的情绪类型吗

情绪是一种生理应激反应,是人在受到外界事物刺激后的复杂心理变化。中国古代有词这样描述:"人有悲欢离合,月有阴晴圆缺,此事古难全。"就是说自然界事物有变化,我们的内心世界也有起伏,月亮不会一直圆满,我们的情绪也不会一直良好。

我们日常生活中的活动,在多大程度上受理智的控制,又在多大程度上受情绪的支配?在这方面,人与人之间存在着很大的差异,这里面气质、性格、阅历、素养等都起着一定的作用。

生活中的我们,只有认清自己情绪的类型,运用理性的控制,才能实现情绪反应与行为表现的均衡适度,确保情绪与环境相适应。

心理学家将人的情绪类型简单分为以下三个类型:

理智型:很少因什么事而激动,表现出很强的克制力甚至冷漠;对他人的情绪缺乏反应,感情生活平淡而拘谨,因此常会听到别人在背后说他们是"冷血动物",这样的人需要放松自己。

平衡型:情绪基本保持在有感情但不感情用事、克制但不过于冷漠的状态;即使在很恶劣的情绪下握起拳头,也仍能从冲动情绪中摆脱出来。因此,这种类型的人很少与人争吵,感情生活十分愉快、轻松。

冲动型：非常情绪化，易激动，反应强烈；往往十分随和、热情，或者感情脆弱、多愁善感；可能常会陷入那种短暂的风暴似的感情纠纷中，因此，麻烦百出；别人想劝他们冷静是件很难的事。他们需要学会克制自己。

那么，我们该如何认识到自己的情绪类型呢？以下几种方法有助于我们了解自己的情绪：

1. 记录法

做一个留意自我情绪的有心人。你可以抽出一至两天或一个星期，有意识地留意并记录自己的情绪变化过程。可以以情绪类型、时间、地点、环境、人物、过程、原因、影响等项目为自己列一个情绪记录表，连续地记录自己的情绪状况。几天之后回过头来看看记录，你就会有新的感受。

2. 反思法

你可以利用你的情绪记录表反思自己的情绪，也可以在一段情绪过程之后反思自己的情绪反应是否得当，为什么会有这样的情绪，这种情绪的原因是什么，有什么消极的负面影响，今后应该如何消除类似情绪，如何控制类似不良情绪的蔓延。

3. 交谈法

通过与你的家人、上司、下属、朋友等进行诚恳交谈，征求他们对你情绪管理的看法和建议，借助别人的眼光认识自己

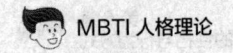

的情绪状况。

4. 测试法

借助专业的情绪测试工具，或是咨询专业人士，获取有关自我情绪认知与管理的方法建议。

在人们的生存和发展过程中，情绪常伴随左右。学会了解自身的情绪类型，有助于我们更好地掌控自己的情绪，调节自己的负面情绪。

实感和直觉的不同

前面，我们指出，在16型人格的四个维度中，一个重要的维度是我们接受信息的方式——实感或直觉。那么，什么是实感和直觉呢？

实感是一种心灵的触动；直觉是一种判断力，这种判断力是没有什么根据的。在心理学中，实感是人脑对直接作用于感觉器官的客观事物的个别属性的反映。人对各种事物的认识活动是从实感开始的，实感是最初级、最基本的认识活动。同时，实感是知觉、记忆、思维等复杂的认识活动的基础，也是人的全部心理现象的基础。

对于直觉，心理学家给出的定义是：直觉是指对一个问题未经逐步分析，仅依据内在的感知迅速地对问题答案做出判断、猜想、设想，或者是在对疑难百思不得其解之时，突然对问题有"灵感"和"顿悟"，甚至是对未来事物结果做出"预感""预言"等，这些都是直觉思维。

那么，直觉思维是如何产生的呢？

心理学家称，直觉产生于人的大脑，直觉出现时也是大脑思维状态最好的时候，大脑皮层也会产生最优兴奋中心，使出现的种种自然联想顺利而迅速地接通。在一些书籍中，我们也能零星看到关于直觉思维的描述：直觉是具备某些信息片段后，在毫不费力的情况下出现的想法、感觉、信念或者偏好。它可以帮助人们进行快速决策，是人们潜能开发的一种重要领域。

直觉思维具有迅捷性、直接性、本能性等特征。心理学上的直觉有广义和狭义两种理解。广义上的直觉是指包括直接的认知、情感和意志活动在内的一种心理现象，也就是说，它不仅是一个认知过程、认知方式，还是一种情感和意志的活动。狭义上的直觉或直觉思维，就是人脑对于突然出现在面前的事物、新现象、新问题及其关系的一种迅速的识别、敏锐而深入的洞察、直接的本质理解和综合的整体判断。简言之，直觉就是直接的觉察。

直觉是意识的本能反应，不是思考的结果，比以语言要素通过逻辑关系构建的反应系统要更加高效、更具准确性。

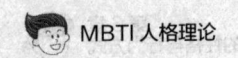

也许人类在语言意识未建立前，依靠的就是这种意识的本能反应——直觉。人类语言意识建立后，到今天，这种本能就逐渐退化了，但我们在其他物种身上仍然可以观察到直觉的作用，例如，蜜蜂能以最有效的方式精准地建造坚固的六角巢穴，一定不是物理计算的结果。

直觉思维的特征

生活中，不少人都曾说过这样的话："直觉告诉我……"言下之意是，我们有时会运用某种不受逻辑思维约束的思维方式直接进行决策。虽然我们一直认可的是逻辑思维的正确性，但是人们常常受到直觉思维的指引。

直觉作为一种心理现象贯穿于日常生活之中，也贯穿于科学研究之中。

物理学家丁肇中在谈到J粒子的发现时写道："1972年，我有种强烈的感觉，我认为很有可能存在很多有光特征而又比较重的粒子，然而实际理论上并没有预言这些粒子的存在。我直观上感到没有理由认为这种较重的发光的粒子（简称重光子）也一定比质子轻。"

这里，丁肇中说的"感觉"就是直觉。正是在这种直觉的驱使下，丁肇中决定研究重光子，终于发现了J粒子，并因此而获得诺贝尔物理学奖。

因此，尽管我们提倡思考问题要严谨、准确，要运用逻辑推理获得答案，但是我们也不能否认直觉思维在创造活动中也有着非常积极的作用，其功能体现在下面两个方面：

1. 帮助人们迅速做出优化选择

我们常常会遇到很多问题，要解决问题，我们就可能面临很多抉择，如何做出最佳选择是我们最关心的。为此，法国数学家庞卡莱说："所谓发明，实际上就是鉴别，简单来说，也就是抉择。怎样从多种可能中做出优化的抉择呢？"

经验表明，在创造性活动中，最能起到作用的，往往不是那些逻辑严谨的推理，而是直觉。而且，越是知识、经验丰富的人，越是能灵光乍现，获得直觉思维的垂青。

2. 帮助人们做出创造性的预见

17世纪法国著名哲学家笛卡尔认为直觉可以是逻辑推理的起点，更早以前亚里士多德则说："直觉就是科学知识的创始性根源。"英国物理学家卢瑟福在其非凡直觉的帮助下，在原子物理学和原子核物理学领域做出了一系列重大的开创性贡献。

可见，直觉思维是一种心理现象，在创造性思维活动的关键阶段起着极为重要的作用。但不得不说，不假思索的直觉思

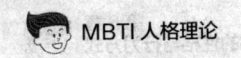

维常使人们陷入种种思维误区，我们认可直觉思维，但不可以依赖直觉思维，并且在多数情况下，我们要想避免决策错误，就要反直觉思维，多运用逻辑思维思考和解决问题。

这样看来，直觉思维与逻辑思维相比，直觉思维具有以下六个方面的特征：

1. 直接性

主体不是进行一步步逻辑严谨的分析过程，而是直接获得对事物的整体认知，这是直觉思维最基本和最显著的特征。

2. 快速性

直觉思维犹如"灵光乍现"，产生的时间很短，以至于思维者无法对其做出科学的解释。

3. 个体性

它来自思维者的头脑，只与该思维者的知识、经验以及思维品质有关，因此有很强的个体性。

4. 跳跃性

在认知过程中，逻辑思维展现的方式是常规思维，而直觉思维一旦出现，便摆脱了原先常规的束缚，从而产生认知过程的急速飞跃和渐进性的中断。

5. 坚信感

主体以直觉方式得出结论时，是意识清楚和明确的，这与一般的冲动性行为不同，主体对直觉结果的正确性或真理性具有本能的信念(当然,这并不意味着可以取消进一步的加工和分析论证)。

6. 或然性

非逻辑思维是非必然的,可能是正确的,也有可能是错误的,这也是直觉思维的局限。

直觉思维与逻辑思维相比虽然有着明显的区别和不同,但二者的发生和形成并不矛盾。在一定程度上,直觉思维就是逻辑思维的凝结或简缩,从表面上看,直觉思维过程中没有思维的"间接性",但实际上,直觉思维正体现着"概括化""简缩化""语言化"或"内化"的作用,是高度集中地"同化"或"知识迁移"的结果。

所以,我们可以说,直觉实质上是在相关知识基础上对熟悉事物的再认识。再认识可以看作是直觉的孕育形式,思考时所运用的理性思维还比较明显。再认识达到一定的深刻程度就可能产生直觉。在这种情况下,直觉显然不过是理性思维过程的简化、凝缩,是理性思维的"跳跃"的形式,即思维的一系列细节过程被省略了,越过了许多中间环节,一下子将问题的答案呈现在面前。

妙用逻辑思维，进行判断和推理

生活中，人们常说看事情应该透过现象看本质，前面我们已经提及，事实的真相往往都不会直接展示给人们，要想找到事实真相，就必须要学会运用逻辑思维进行判断和推理，这也是唯一对抗直觉思维的方法。

那么，什么是逻辑思维呢？

逻辑思维，又叫理论思维，它是人们在认识过程中借助概念、判断、推理等思维形式能动地反映客观现实的理性认识过程。它是由对认识的思维及其结构以及起作用的规律的分析而产生和发展起来的。它还是人的认识的高级阶段，即理性认识阶段。

逻辑思维，是思维的一种高级形式，是指符合某种人为制订的思维规则和思维形式的思维方式，我们所说的逻辑思维主要指遵循传统形式、逻辑规则的思维方式，常称它为"抽象思维"或"闭上眼睛的思维"。逻辑思维是一种确定的，而不是模棱两可的思维；是一种前后一贯的，而不是自相矛盾的思维；是一种有条理、有根据的思维。在逻辑思维中，要用到概念、判断、推理等思维形式和比较、分析、综合、抽象、概括等方法，而掌握和运用这些思维形式和方法的程度，也就是逻辑思维的能力。

第6章
MBTI16型人格理论之四个维度——了解你的性格与行为方式

生活中的人们，无论是学习还是工作，都要养成凡事不要看表象的习惯，有问题时就要有寻根究源的愿望，然后巧用逻辑思维找到答案。

我们不妨先来看看下面的小故事：

孔子到东方游历，途中看见两个小孩在争论，就问他们在辩论什么。

一个小孩说："我认为太阳刚出来时距离人近，而正午时距离人远。"另一个小孩却认为太阳刚出来时离人远，而正午时离人近。

前一个小孩说："太阳刚出来时大得像车上的篷盖，等到正午时就像盘子碗口那样小，这不正是远的显得小而近的显得大吗？"

另一个小孩说："太阳刚出来时清清凉凉，等到正午时就热得像把手伸进热水里一样，这不正是近的就觉得热，远的就觉得凉吗？"

孔子听了，不能判断谁是谁非。两个小孩嘲笑说："谁说你多智慧呢？"

博学多才的孔子对两个小孩辩论的问题都不能给出结论。而两个小孩也是仅凭自己的一些主观感受而得出的结论，显而易见，此结论也并非正确。

日常生活中，我们接触到事物的第一器官通常是眼睛，人们常说"耳听为虚，眼见为实"，但事实上，肉眼看到的也并非事实的全部，因为事物的表象往往具有迷惑作用，要想拨开迷雾，你就要善于思考、摆脱直觉思维，并运用逻辑思维。因为逻辑思维既不同于以动作为支柱的动作思维，也不同于以表象为凭借的形象思维，它已摆脱了对感性材料的依赖。

曾经有两个人，他们一起出差。这天，完成工作任务的他们来到大街上闲逛，其中一个人看见路边一个老妇在卖一只黑色的铁猫，细心的他发现，这只铁猫的眼睛很特别，应该是宝石做的。于是，他询问老妇能不能单买一双眼睛，老妇虽然不大高兴，但最终还是同意了，然后把这只铁猫的眼珠子取出来卖给了他。

回到宾馆以后，他迫不及待地把自己的经历告诉了同伴。同伴听完后，问清楚了事情的前因后果，然后问他老妇在哪里，说自己想买那只铁猫剩下的部分。

于是，他便把地点告诉了同伴，同伴拿了钱立即就去寻老妇了，一会儿，他把铁猫抱了回来。他说，既然这只铁猫的眼睛都是宝石做成的，那么，这只铁猫的猫身肯定也价值不菲。于是，他拿起铁锤往铁猫身上敲，铁屑掉落后，发现铁猫的内质竟然是用黄金铸成的。

这里，我们不得不佩服这个最后买走缺了眼睛的铁猫的人，他的思维是独特的。的确，既然猫的眼睛是宝石做的，那么它的身体肯定不会是铁。正是这种逆向思维使同伴摒弃了铁猫的表象，发现了猫的黄金内质。

总之，在日常的生活和工作中，我们养成凡事不要看表象的习惯，有问题时就要有寻根究源的愿望，然后运用各种思维方法找到答案。

面对未知的事情，你是怎样的态度

关于生活，每个人都有自己的渴望和希冀。很多人都会在生活中描画未来的情形，并且希望日子能够按照自己规划好的路线前进。而现实情况中，生活总是充满了未知，带给我们的或许是惊喜，或者是惊吓，也或者是平淡如水。无论生活如何改变，每个人要想享受生活、拥抱生活，就必须学会顺势而为。

事实上，要避免未知事物给自己带来焦虑，我们只需要做好最坏的打算并付出最大的行动即可。人生之路就是一个个抉择，抉择带来机会，如果你能够把每件事情、每个问题的正反两面都考虑清楚，你的担忧就会自行化为乌有。

曾经有这样一个故事：

在美国，有个刚毕业的年轻人，在一次州内的体能筛选中，因为表现良好而被选中，成为一名军人。

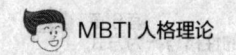

在外人看来，这是一件值得庆幸的事，但他看起来却并不高兴。他的爷爷听说这个好消息后，便大老远从另外一个地方来看他，看到孙子闷闷不乐，就开导他说："我的乖孙子，我知道你担心，其实真没什么可担心的，你到了军队，会遇到两个问题，要么是留在内勤部门，要么是被分配到外勤部门。如果是内勤部门，那么，你就完全不用担忧了。"

年轻人接过爷爷的话说："那要是我被分配到外勤部门呢？"

爷爷说："同样，如果被分配到外勤部门，你也会遇到两个选择，要么是继续留在美国，要么是被分配到国外的军事基地。如果你被分配在美国本土，那没什么好担心的嘛。"

年轻人继续问："那么，若是被分配到国外的基地呢？"

爷爷说："那也还有两个可能，要么是被分配到和平的国家，要么是战火纷飞的地区。如果把你分配到和平的国家，那也是值得庆幸的好事呀。"

年轻人又问："爷爷，那要是我不幸被分配到战争中的地区呢？"

爷爷说："你同样会有两种可能，要么是留在总部，要么是被派到前线去参加作战。如果你被分配到总部，那又有什么需要担心的呢！"

年轻人问："那么，若是我不幸被派往前线作战呢？"

爷爷说："同样，你会遇到两个选择，要么是安全归来，要么是不幸负伤。假设你能安然无恙地回来，你还担心什么呢？"

年轻人问："那倘若我受伤了呢？"

爷爷说："那也有两个可能，要么是轻伤，要么是身受重伤、危及生命。如果只是受了一点轻伤，而对生命构不成威胁的话，你又何必担心呢？"

年轻人又问："可万一要是身受重伤呢？"

爷爷说："即使身受重伤，也会有两种可能性，要么是有活下来的机会，要么是完全无药可治了。如果尚能保全性命，还担心什么呢？"

年轻人再问："那要是完全救治无效呢？"

爷爷听后哈哈大笑着说："那你人都死了，还有什么可以担心的呢？"

正如这位爷爷说的："人都死了，还有什么可担心的呢？"这是对人生的一种大彻大悟。有时候，我们会对某件事很担心，但只要我们转念一想，"最坏的状况莫过于……"以这样的心态面对，其实就没有什么可担心的了。

正如人们常说的，希望越大，失望越大。当我们怀着适度的期待，就不会陷入过度的焦虑。很多人都喜欢给自己制订过高的目标，似乎只有目标远大，人生才能与众不同。实际上，过于远大的、可望而不可即的目标往往会让人坠入无边的焦虑

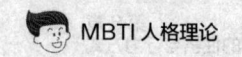

之中。唯有更好地面对未来，立足当下，我们才能从实现目标的喜悦中得到自信和满足。

因此，我们始终要记住，人生在世，很多事我们控制不了，但我们可以选择自己的态度。以乐观、积极的心态面对，那么不好的机会也会成为好机会，如果用消极颓废、悲观沮丧的心态去对待，那么，好机会也会被看成是不好的机会。

避免感性干扰，才能正确决策

我们都知道，人都是情感的动物，有各种不同的情绪，所以在思考问题的时候难免感性，尤其是当理性思维和情绪产生矛盾时，情绪往往会战胜理性，进而做出违背自己本意的行为。心理学家认为潜意识中的情绪并不是真实的，负面情绪的产生是出于对自己的保护。所以，这种负面情绪如果得不到释放和化解，将会产生各种负面的作用。

不少人的情绪常常会被周围的一些人和事影响，有些人甚至是情绪化的，他们的情绪似乎总是不受自己控制，于是，他们起伏于这种恶性失衡之中，常常陷入自相矛盾的境地，失去了判断力。而那些成功者则能做到自控，无论外界怎么变幻，他们总是能以理智的心态面对，他们有着很强的自我控制能力。生活中的人们，也许现在的你年轻气盛，容易冲动，但请记住：情绪化会让你陷入感性的陷阱，进而决策失误，因此，从现在起，一定要做到自制，理性思考并控制自己的情绪。

一个商人需要雇用一个小伙计，他在商店里的窗户上贴了一张独特的广告："招聘一位能静心的男士。每星期4美元，合适者可以拿6美元。""静心"这个词语在当地引起了议论。它引起了小伙子们的思考，进而引来了众多求职者。

每个求职者都要经过一个特别的考试。

"能阅读吗？孩子。"

"能，先生。"

"你能读一读这一段吗？"商人把一张报纸放在第一位求职者的面前。

"可以，先生。"

"你能一刻不停顿地朗读吗？"

"可以，先生。"

"很好，跟我来。"商人把求职者带到他的私人办公室，然后把门关上。他把这张报纸送到求职者手上，上面印着需要不停顿地读完的那一段文字。阅读刚一开始，商人就放出六只可爱的小狗，小狗跑到求职者的脚边。求职者经受不住诱惑要看看活泼的小狗。由于视线离开了阅读材料，求职者忘记了自己的角色，读错了。于是他失去了这次机会。

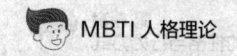

就这样，商人打发了70个求职者。终于，有个小伙子不受诱惑，一口气读完了，商人很高兴。他们之间有这样一段对话：

商人问："你在读书的时候没有注意到你脚边的小狗吗？"

小伙子回答道："对，先生。"

"我想你应该知道它们的存在，对吗？"

"对，先生。"

"那为什么你不看一看它们？"

"因为我答应过你我要不停顿地读完这一段。"

"你总是遵守你的诺言吗？"

"的确是，我总是努力地去做，先生。"

商人在办公室里走着，突然高兴地说道："你就是我要的人。明早七点钟来，你每周的工资是6美元。我相信你大有发展前途。"后来小伙子的发展的确如商人所说。

这就是成功的要素！生活中，周围发生的事就像这些小狗，人们往往很容易被其影响而不能把自己的精力投入到工作中，完成自己伟大的使命。

因此，我们要记住，在任何时候，感性、冲动都是我们最大的敌人。

第7章

运用MBTI 16型人格，指导自己的工作和人生

前面章节中，我们已经详细了解过16型人格的性格特点、优缺点以及他们在情感生活和工作中的表现。那么，他们抗压能力如何，又该如何根据自己的人格类型指导自己的工作和人生，实现自己的人生价值呢？带着这些问题，我们来看看下面这章的内容。

16种人格抗压能力如何

我们都知道，人格并无好坏之分，但在某一领域内却有强弱之别。那么，在抗压上，哪种人格最强呢？

所谓抗压能力，指的是一个人在压力环境下能够继续正常生活，保持情绪稳定，并且能够很好地自我消化焦虑的能力。这样的能力可以说是社会生活中必备的能力。那么，16型人格的抗压能力如何呢？接下来我们来进行简单排名。

第一名：ESTJ——监督者

ESTJ荣登榜首，无论是工作能力还是卧薪尝胆的能力，ESTJ都在16型人格里名列前茅。ESTJ能在初入职场时顶住各种上级给予的压力，无论被怎么批评、责骂，他们都能扛下来，依然做着自己手里的事，因为他们的目标很清晰，那就是有朝一日出人头地，成为企业的管理层。所以当ESTJ成为了管理者，他们会把自己曾经经受的一切再回馈给自己的下级员工，和ESTJ的领导相处，对于很多职场经验不足的人来说，定是场灾难。

第二名：ISTJ——检查者

ISTJ和ESTJ的抗压能力可以说不相上下，但在人际关系中的压力上，ISTJ的承受能力要比ESTJ弱一点，毕竟是I系人格。对于业务方面，ISTJ和ESTJ的承受能力是一样的：做不好，接受批评，改正就是，下次能做得更好。这样的钢铁之心使得ISTJ一路攀升，职场生涯过得十分顺利，往往能在自己擅长的领域有所作为。

第三名：ENTJ——指挥官

ENTJ总在应付各种社交，积极打造自己的人设，没点抗压能力怎么行？ENTJ基本可以面对所有的外部压力，不到极端情况不会崩溃。即使是来自父母的压力，ENTJ通常也能自我化解，不会让家庭因素影响到自己的事业。他们就是这样的一群功利主义者，一切以实际利益为目标，情感和人际方面都要往后排。如果承受了一定的压力，最终能换来可观的利益，那么何乐而不为呢？ENTJ也是16型人格里最勇敢的人格，他们总是像战场上的将军一样，积极面对生活里的一切。

第四名：ESTP——企业家

ESTP的抗压能力良好，主要由于他们性格乐观，活在当下，享受当下的美好人生。至于未来，还没有发生的事，想那么多干什么呢？如果生活里实在发生了什么让ESTP头疼的事，他们会选择约上三五好友去酒吧喝上一杯，没有什么过不去的坎。

第五名：ENTP——辩论家

为了适应社会节奏，ENTP其实经历了很多辛酸的事，只是旁人不知道罢了，他们也不会轻易向别人吐露自己的经历。在ENTP看来，生活里已经有很多不开心的事了，那么为什么不努力让自己表现得开心一点呢？开心也是一天，难过也是一天。ENTP的人生哲学就是每天都要活出新的自己，每天都追求全新的梦想，永不重样。至于压力，多培养几个兴趣爱好也许就忘了。

第六名：ESFJ——主人公

ESFJ外在给人感觉非常强势，其实他们内心也会很害怕生活里发生头疼的事，不知道该怎么处理。不过，好在ESFJ大大咧咧，不把牛鬼蛇神当回事，跟几个好友聊聊天、倾诉一下，也就过去了。毕竟ESFJ是SJ，不会像NF那样思前想后忧虑好几天。

第七名：ISTP——鉴赏家

ISTP的抗压能力完全是被逼出来的。没人理解他们，所有人都觉得他们很奇怪，在这样的大环境下，ISTP再没点抗压能力要怎么生存下去？ISTP从来不去关心那些和自己无关的事，他们认为这是在浪费生命。有那个时间，还不如多去做一些自己喜欢的手艺或者研究，不管其他人怎么评价自己。

第八名：ESFP——表演者

ESFP的抗压能力要弱于ESTP，ESTP对生活的理解更加通透，也有一套自己的人生哲学，而ESFP还属于世俗行列的芸芸众生，喜欢玩乐。一般来说，小灾小难ESFP是可以应付的，如

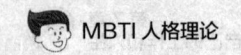

果真的发生重大生活变故，ESFP也会变得焦虑烦闷、非常反常，很可能一言不发。

真正地了解自己，才能更好地把握人生

每个人从呱呱坠地开始，就在不断成长。从娇嫩的婴儿，到渐渐走向成熟，一个人要经历漫长的过程。在此过程中，不但身体不断成长，人们的心智也要不断成熟，当然，心智成熟的过程并非像身体那样水到渠成。人的心智成熟是漫长的也是艰难的。心智的成长，更多需要不断进行自我反省，发现自己。尽管人人都觉得对自己是非常熟悉的，然而实际上，每个人都对自己很陌生。一个人只有真正地了解自己，才能不断自省，不断成长和完善自我，也才能更好地欣赏别人。

在这个世界上，每个人都是独一无二的个体。虽然人与人都是同类，但是哪怕是长相完全相同的双胞胎，也可能性格迥异。正如一位名人所说的：这个世界上绝没有两片完全相同的树叶，也绝没有两个完全相同的人。每个人都是独特的个体，每个人都拥有完全属于自己的世界。我们唯有更好地了解自己的内心，才能更好地了解他人，也才能以更加积极热情的态度投入生活。可以说，一个人唯有正确地认知自己，才能更好地

第 7 章
运用 MBTI 16 型人格，指导自己的工作和人生

把握人生，也才能更加积极地拥抱人生。

自从大学毕业后，张凯就非常努力。他找到一份自己喜欢的工作，每天早早地去单位，晚上下班之后，其他同事都走了，他也依然留在单位加班。然而，这种工作的状态很快就被破坏了，原来张凯突然迷上了网络游戏。他不但下班的时候玩游戏，即便是在工作的间隙里，也总是偷偷摸摸地玩游戏。他甚至把每个月的大部分薪水都用来购买游戏装备。总而言之，他对游戏已经陷入痴迷。

有段时间，张凯所在的公司安装了新的管理软件，管理者从管理软件上就可以了解每个员工正在利用网络做什么事情。不过，普通员工都不知情。在连续三天都观察到张凯沉迷于游戏之后，张凯的上司提醒张凯，不要在上班时间做与工作不相干的事情。张凯以为上司只是普通的提醒，因而毫不收敛。

一个星期之后，张凯收到了公司的辞退通知，他莫名其妙地失去了工作。为此，他办理离职手续前问上司自己被辞退的原因，上司向他展示了他近半个月来的工作状态记录，张凯哑口无言。的确，作为公司的员工，利用工作时间玩游戏，这是任何一个老板都无法容忍的。张凯失去了喜爱的工作，懊悔不已。他下定决心戒掉网瘾，从此之后再也不玩游戏，而是全心全意地投入工作。果不其然，他在新公司表现很好，很快就因为工作业绩好得到了提升。

在这个事例中,张凯认识自己的过程是痛苦的,甚至失去了心爱的工作,才幡然醒悟。现代社会,各种各样的"瘾"很多,张凯在陷入游戏瘾之中时,丝毫没有意识到自己已经玩物丧志。幸好,公司的管理者及时为他敲响警钟,才使他及时意识到问题的严重性,从而积极改变自己的状态。

毋庸置疑,每个人都有各种各样的缺点,一个人从稚嫩到成熟,从有很多缺点,到渐渐变得完美,都要经历独特的过程。当然,自我成长说起来很容易,做起来却很难。我们必须时刻保持自我反省的精神,更加深入地了解和剖析自己,才能不断成长。

朋友们,假如你们想要成就自己独特的人生,就从现在开始努力了解自己吧。当你看着镜子里的自己,你会发现原本自以为熟悉的面容在镜子里显得那么陌生。当你审视精神上的自我,你会发现曾经自以为的了解真的只是"自以为"而已。我们只有尽量客观公正地了解自己,积极地改进自己,才能在人生的路上越走越远,才能如愿以偿地距离成功越来越近。认识自己,是把握人生的第一步,没有人能够越过这一步,获得成功的人生。

诚实地面对和了解自己，发现自己的优势和不足

生活中，我们每个人从出生起，就在不断认识世界、接受外在世界赠与我们的一切。我们学会了很多，包括科学文化知识、审美、与人相处等，但在这个过程中，我们却很少认识自己。实际上，我们也总是在逃避认识自己，因为认识自己，就意味着我们必须要接受自己"魔鬼"的一面，这个过程对于我们来说是痛苦的，但如果我们想实现自己的需求，成为更优秀的自己，就必须要认识自己，就像剥洋葱一样，寻找到最本真的自我。

有人说"成功时认识自己，失败时认识朋友"，这话固然有一定的道理，但归根结底，我们认识的都是自己。无论是成功还是失败时，都应坚持辩证的观点，不忽视长处和优点，也要认清短处与不足。同时，自我反省、认清自己还能帮助我们找回自我，只有这样，才能获得重生。

成功学专家A.罗宾曾经在《唤醒心中的巨人》一书中非常诚恳地说过："每个人都是天才，他们身上都有着与众不同的才能，这一才能就如同一位熟睡的巨人，等待我们去为他敲响醒来的钟声……上天也是公平的，不会亏待任何一个人，他给我们每个人以无穷的机会去充分发挥所长……这一份才能，只要我们能支取，并加以利用，就能改变自己

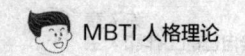

的人生，只要下决心改变，那么，长久以来的美梦便可以实现。"

尺有所短，寸有所长。一个人也是这样，你这方面弱一些，在其他方面可能就强一些，这本是情理之中的事情，找到自己的优势和承认自己的不足一样，都是一种智慧。每个人都有自己的可取之处。比如：你也许不如同事长得漂亮，但你有一双灵巧的手，能做出各种可爱的小工艺品；你现在的工资可能没有大学同学的工资高，不过你的发展前途比他远大；等等。

所以，一个人在这个世界上，最重要的不是认清他人，而是先看清自己，要先了解自己的优点、缺点、长处和短板，只有这样，才能在实践中发挥优势，弥补不足。而如果我们一直看不到自己的优势，就会让自己沿着一条错误的道路越走越远，你的能力与优势也就受到限制，甚至使自己的劣势更加致命，使自己立于不利的地位。所以，从某种意义上说，能否认清自己的优势，是一个人能否取得成功的关键。

当然，要想发展自身的优势，首先要做到对自我价值的肯定，这有助于我们在工作中保持一种正面的积极态度，进而转换成积极的行动。马克思说："自暴自弃，这是一条永远腐蚀和啃噬着心灵的毒蛇，它吸走心灵的新鲜血液，并在其中注入厌世和绝望的毒汁。"积极乐观的人永远是最有魅力的。为此，你需要做到的是：

第7章 运用MBTI16型人格，指导自己的工作和人生

1. 发现你的优势

你首先要明确自己的能力大小，给自己打打分，通过对自己的分析，深入了解自身，从而找到自身的能力与潜力所在：

我因为什么而自豪？通过对最自豪的事情的分析，你可以发现自身的优势，找到令自己自豪的品质，譬如坚强、果断、智慧超群，从而挖掘出我们继续努力的动力之源。

我学习了什么？你要反复问自己：我有多少科学文化知识和社会实践知识？只有这样，才能明确自己已有的知识储备。

我曾经做过什么？经历是个人最宝贵的财富，往往可以从侧面反映出一个人的素质、潜力状况。

2. 挖掘出自己的不足

人无法避免与生俱来的弱点，必须正视，并尽量减少其对自己的影响。比如，如果你独立性太强，可能在与人合作的时候，就会缺乏默契，对此，你要尽量克服。

"金无足赤，人无完人"，每个人在经历和经验方面都有不足，但只要善于发现，只要努力克服，就会有所提高。

3. 常做自我反省，不断进步

日本学者池田大作说："任何一种高尚的品格被顿悟时，都照亮了以前的黑暗。"只要你能做到自省，就有了一种高尚的品格！当你取得了一定的成绩后，切不可沾沾自喜、妄自尊大，要知道，人最难能可贵的就是胜不骄、败不馁，懂得自我

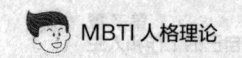

反省，才会不断进步。

可见，任何一个人，只有诚实地面对和了解自己，与自己的内心对话，才能找到自己的优点和缺点，同时不断地改善自己的缺点，这样才能使得自己的劣势变为优势，才能做到不断地超越自己。

如何获得人生的自我实现

1809年2月12日是美国第16任总统林肯的生日。他是一名私生子，并且其貌不扬，言行举止都不招人喜欢，为此，他感到很自卑，但最终他决定要靠自己的力量改正这些缺点。于是，他拼命自学以克服早期的知识贫乏和孤陋寡闻。他学会了借助烛光、水光读书，尽管他的视力大不如前，但头脑越发丰富，他开始充满了自信。他最终摆脱了自卑，并成为有杰出贡献的美国总统。

生活中，饱经风霜和受到无情打击的人不少，却很少有人能和林肯一样百折不挠。每次竞选失败过后，林肯都会激励自己："这不过是滑了一跤而已，并不是死了，爬不起来了。"这些话是克服困难的力量，更是让林肯终于享有盛名的利器。

从心理学的角度看，我们每个人都应该像林肯一样追求自我价值的实现，自我实现者更易获得成就感，而林肯自身也被著名心理学家马斯洛评价为具有自我实现者的人格特征。

自我实现理论是马斯洛人本主义心理学的理论支柱之一，马斯洛认为，自我实现的人具有最健康和最完美的人格。马斯洛之所以会探讨这个领域，是受其大学时代的两位恩师的影响，一位是完形心理学的主要创始人之一，另一位是著名文化人类学家，从他们身上，马斯洛看到了高贵的品质，便开始了他的研究。而他研究的对象，也都是最有名的人物，如晚年的林肯、托马斯·杰斐逊和威廉·詹姆斯等，马斯洛希望找出对人类社会做出重大贡献的人的人格特征。

马斯洛发现，在这些人的内心也存在一定的恐惧和焦虑，但他们之所以成功，是因为他们能接纳并喜欢自己，继而不受焦虑和恐惧的影响。他们虽然也有缺点，但因为能够接受自己的缺点，所以他们较一般人更真诚，也对自己更满意。

他认为这些人身上所体现的人性特征展现出了人性的美好本性与丰富色彩。

马斯洛认为，自我实现者的人格特征（即性格特征）有：

（1）能认清现实，有比较务实的人生观。

（2）自我悦纳，同时也能悦纳周围的人和世界。

（3）能自然地表达自己的思想、情绪等。

（4）视野开阔，考虑问题能就事论事，也能考虑个人的利弊得失。

（5）愿意享受人生。

（6）性格独立自主，不过度依赖他人。

（7）热爱生活，能感知平凡的快乐。

（8）对于生命曾有过透彻的感悟。

（9）爱人类并认同自己为人类之一。

（10）有至深的知交，有亲密的爱人。

（11）思想民主，愿意尊重他人的看法。

（12）有伦理和道德观念，不会为了达成目的而不择手段。

（13）带有哲学气质，有幽默感。

（14）创新，不墨守成规。

（15）对世俗和而不同。

（16）有改变现在生活状态的愿望和能力。

对那些希望自己的人生也能臻于自我实现境界的人，可以采取以下7点建议：

（1）把自己的感情出口放宽，莫使心胸像个瓶颈。

（2）在任何情境中，都尝试以积极乐观的角度看问题，从长远的利害出发做决定。

（3）对生活环境中的一切，多欣赏，少抱怨；有不如意之处，设法改善；坐而空谈，不如起而实行。

（4）设定积极而有可行性的生活目标，然后全力以赴使其实现，但不能期望未来的结果一定不会失败。

（5）对是非之争，只要自己认清真理正义所在，纵使违反众议，也应挺身而出，站在正义一边，坚持到底。

（6）莫使自己的生活僵化，为自己在思想与行动上留一点弹性空间；偶尔放松一下身心，将有助于自己潜力的发挥。

（7）与人坦率相处，让别人看见自己的长处和缺点，也和别人分享自己的快乐与痛苦。

自我实现是一种连续不断的发展过程，这个过程也是成就感不断被强化的过程，它意味着一次次地做诸如此类的选择：是说谎还是诚实，是偷窃还是保持清白。每一次选择都是成长性选择，这种成长性选择也就是走向自我实现的过程。

参考文献

[1] 于旭光. 图解MBTI16型人格：心理学与性格解析[M]. 北京：中国纺织出版社有限公司，2022.

[2] 梁锋，胡凌浩. MBTI16型人格漫画书[M]. 北京：人民邮电出版社，2020.

[3] 韩雅男. 人格：了解自我洞悉他人的心理学[M]. 北京：中国纺织出版社有限公司，2022.

[4] 邓宁. 你的职业性格是什么？：MBTI 16型人格与职业规划：第2版[M]. 王瑶，邢之浩，译. 北京：电子工业出版社，2019.